·马克思主义经典理论新探·

哲学视野中的需要理论研究

董晓飞 著

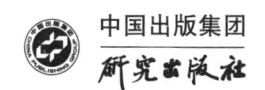

中国出版集团
研究出版社

图书在版编目（CIP）数据

哲学视野中的需要理论研究／董晓飞著．--北京：研究出版社，2022.11
　ISBN 978-7-5199-1150-8

Ⅰ.①哲…　Ⅱ.①董…　Ⅲ.①需要-研究　Ⅳ.①B848.4

中国版本图书馆 CIP 数据核字（2022）第 205803 号

出　品　人：赵卜慧
出版统筹：张高里　丁　波
责任编辑：范存刚　寇颖丹

哲学视野中的需要理论研究
ZHEXUE SHIYE ZHONG DE XUYAO LILUN YANJIU

董晓飞　著

研究出版社出版发行

（100006　北京市东城区灯市口大街 100 号华腾商务楼）
北京云浩印刷有限责任公司印刷　新华书店经销
2022 年 11 月第 1 版　2022 年 11 月第 1 次印刷
开本：710 毫米×1000 毫米　1/16　印张：11.5
字数：200 千字
ISBN 978-7-5199-1150-8　定价：58.00 元
电话（010）64217619　64217612（发行部）

版权所有·侵权必究

凡购买本社图书，如有印制质量问题，我社负责调换。

前　言

需要理论是马克思主义人学研究中的重要问题，关注人的需要，寻求满足人的需要的现实途径，是需要理论研究之核心。加强对需要理论的研究，不仅有助于构建科学的需要理论体系、深化价值论的研究，而且有利于人类的生存和发展，包括培养完善的人性、铸造完美的人格。

本书首先探研了需要理论的思想渊源，对中国历史上的需要思想、西方哲学史上的需要思想、马克思主义需要理论、西方马克思主义需要思想等内容进行了思想史梳理，以期对需要理论的来源有一个总体性的认知。在此基础上，本书对需要和需要理论的概念予以厘定，指出需要是人们基于"社会发展和人的发展状况而产生的对人的存在和发展条件的缺失或期待状况的观念性把握"；而需要理论指人的需要都要历经从需要的产生→需要的评价→需要的实现等一系列发展过程，这同时也生动地表征着人的需要之演进过程。本书概括了需要的本质：主体性、客观性、实践性。全面总结了需要的特征：主动性和受动性的统一、稳定性和变化性的统一、社会性与自然性的统一。详尽阐述了需要的类型：目前的需要与将来的需要、自然性需要与社会性需要、内在的需要与外在的需要、真实的需要与虚假的需要、个体需要和共同体需要。经由以上研究，为需要理论的立论确立了学理上的可靠依据，并廓清了需要理论研究之可能性向度。

需要的产生是需要理论的起点。一方面，需要必然要以客观存在的社会、自然界为内容和参照，也就是说，社会的经济因素、社会政治制度、社会文化、自在自然界、人化的自然都会影响人的需要的产生；另一方面，在需要的产生过程中，同样离不开主体自身诸如知识、情感、意志、能力等诸因素的有机整合。因此，需要的产生，不仅要受到自然因素和社会因素的制约，而且受到主体自身结构的影响。

需要评价是需要产生和需要实现的中间环节。本书分析了需要评价的内涵，指出需要评价是主体按照某种特定的标准，对自身的需要做出的正面或负面的判定。概括出需要评价的本质：需要独立于需要评价而客观存在，需要评价是一种主体性的精神活动，需要评价是需要产生与需要实现的中介。

总结出需要评价的结构：评价主体、评价客体、评价手段等要素。基于此，论证了需要评价标准确立的条件：评价主体的需要是确立需要评价标准的内在原因、需要的客观性是确立需要评价标准的外在原因、实践是确立需要评价标准的根本原因。同时，对需要评价标准进行了分类：个体需要评价标准和群体需要评价标准、道德需要评价标准和功利需要评价标准、实践评价标准和生产力评价标准。在需要评价标准确立的前提下，本书又对需要的评价过程进行阐述：首先，确立需要评价目的是整个评价活动的灵魂和统帅；其次，获取需要评价的信息，不仅能够使需要评价目的从理想向现实转化，而且可以为科学评价结果的形成提供有力的事实依据；最后，根据需要评价信息来衡量主体的不同需要，以得出客观的评价结果，为实现人的需要做好学理铺垫。

　　需要实现是需要理论之目的和旨归。要实现人的需要，必须对人的需要进行合理选择，即通过设定目标、实施目标、总结目标三个阶段来选择合理的需要。然而，在需要选择的过程中，会出现一些现实的障碍，主要原因：主体的过量需求、主体的创造力不足、社会制度的缺失。其表现形式：不同主体需要之间的冲突、个体需要与群体需要之间的冲突、需要的无限性与满足需要的客体之间的冲突。故而，要使主体的各种需要得到不同程度的实现，应当采取一些原则和策略来破解并克服这些困境和问题。这些原则包括：理想与现实相结合、同一与差异相结合、价值理性和工具理性相结合、优势需要和基本需要相结合。这些策略有舆论引导、利益调节、制度建设、道德自律、心理沟通、提高能力等。只有充分掌握这些原则与策略，才能促成人的不同需要之实现，并获致人的自由而全面发展。

目 录

导 言 ………………………………………………………………… 1

 第一节 论文选题的意义 ……………………………………… 1
 第二节 国内外研究现状述评 ………………………………… 7
 第三节 难点及创新点 …………………………………………17
 第四节 思路和方法 ……………………………………………18

第一章 需要理论的思想渊源 ………………………………………21

 第一节 中国历史上的需要思想 …………………………………21
 第二节 中国当代社会的需要思想 ………………………………33
 第三节 西方哲学史上的需要思想 ………………………………39
 第四节 马克思、恩格斯的需要理论 ……………………………46
 第五节 西方马克思主义需要思想 ………………………………53

第二章 需要理论概念的厘定 ………………………………………60

 第一节 需要和需要理论 ………………………………………60
 第二节 需要的本质 ………………………………………………68
 第三节 需要的特征 ………………………………………………77
 第四节 需要的类型 ………………………………………………80

第三章 需要产生的根据 ………………………………………………86

 第一节 人的需要依赖于自然界 …………………………………86
 第二节 主体因素是需要产生的内在动因 ………………………92
 第三节 社会因素是需要产生的重要原因 ……………………100

第四章　需要的评价 ······ 107

第一节　需要评价的内涵 ······ 107
第二节　需要评价标准的确立和分类 ······ 112
第三节　需要的评价过程 ······ 117

第五章　需要的实现 ······ 126

第一节　需要的选择 ······ 126
第二节　需要实现的现实困境 ······ 135
第三节　需要实现的原则和策略 ······ 141
第四节　需要实现的规定性和特点 ······ 151

结　语 ······ 158

参考文献 ······ 161

后　记 ······ 174

导　言

需要理论是马克思主义理论的重要组成部分，它是一个内涵深刻的理论体系。其中，寻找满足人的需要的现实途径，是需要理论研究的出发点和归宿。随着经济、社会的发展，人的需要越来越受到社会和人们的普遍关注和重视。在现实生活中，个人的进步、社会的发展，都是人的需要不断得到满足和实现的过程。目前，随着生产力水平的不断提高，人民群众的物质需要得到了很大的提升，但是，人民群众的精神文化需要并没有得到完全满足。因此，构建一个有效满足人的需要的理论体系十分迫切。本文正是基于这样的背景，对需要理论进行一些探讨。

第一节　论文选题的意义

在经济全球化的时代背景下，如何加强需要理论研究，及时有效地满足不同社会群体的合理需要，是各国政府都要认真对待的重大问题。因而，加强对需要理论的研究，不仅具有重要的理论意义，而且具有很强的实践意义。

一、论文选题的理论意义[①]

加强需要理论研究，不仅有利于构建科学的需要理论体系，而且有助于进一步深化价值论的研究。

（一）加强对需要理论的研究，有利于构建科学的需要理论体系

近年来，国内外学者从经济学、社会学、心理学等学科角度对需要的相关问题展开了研究，并取得了可喜的成果，这些成果对国内学界进行需要理论的进一步探研具有重大的借鉴意义。

自 20 世纪 80 年代以来，随着国内一些学者将马斯洛、马尔库塞、赫勒

---

① 董晓飞：《需要理论的科学内涵及其意义》，《哈尔滨市委党校学报》，2012 年第 3 期。

等人的研究成果译介到中国，国内学界掀起了对需要理论研究的高潮。就国内需要理论的研究成果观之，据不完全统计，自改革开放以来，出版与需要理论相关的图书多达上百种。如：冯文光的《马克思的需要理论》（1986）、赵成钢的《需要导向规律初探》（1986）、章韶华的《需要——创造论：马克思主义人类观纲要》（1992）、黄鸣奋的《需要理论与文艺创作》（1995）、夏冬的《需要理论视角下的西方经济学：基于"N-S观"的简明解读》（2006）、郭宝宏的《论人的需要》（2008）及张檀琴、李敏的《需要、欲望和自我：唯物论和辩证观的需要理论》（2012），等等。这些著作对需要理论进行了较为全面的分析和探讨，是我国价值哲学理论研究的重要成果。这一现象充分表明需要理论在国内受到相当程度的关注和重视，这不仅有利于促进哲学价值论的深入研究，而且有助于进一步展示需要理论自身良好的发展前景。

然而，通过认真分析需要理论的研究状况，不难发现当前国内外关于需要理论研究中存在的一些主要问题：一方面，国内外学者对需要理论的研究只是局限于各自学科的具体领域之内，缺少对不同学科之间需要理论的交叉研究，从而暴露出需要理论研究的某些局限性；另一方面，目前，我国学者关于需要理论的研究仍然停留在需要的个例分析上，尚未形成较为完善的需要理论体系，这不能有效地满足我国当前社会发展的现实需要。因此，从哲学的高度对需要理论进行深入研究就成为一种历史的必然。鉴于此，本文在借鉴国内外学者对需要理论研究的基础上，从哲学基本理论之视角，并结合心理学、社会学、经济学等相关学科的理论知识，通过对需要理论中带有普遍性的问题进行深入研究，来重新厘定需要理论的研究对象。在此基础上，力图廓清需要理论的思想渊源、需要理论概念的厘定、需要的产生、需要的评价、需要实现的整体建构框架，来进一步强化需要理论的研究，为不断实现人的各种合理需要提供强大的精神动力和理论支持。

首先，厘定"需要"概念不仅是需要理论研究的必要前提，而且也是使需要理论研究适应当今社会发展状况的重要保证。对于"需要"的概念来说，国内学者从各自的角度提出了不同的观点。一些学者把需要视为人的主观心理活动，也有一些学者把人的需要看成是受到一定社会客观条件制约的客观性规律。笔者认为，人的需要不仅要受到客观社会条件的制约，而且要受到自身主体因素的影响。然而，要实现人的需要，仅仅把需要看作是人的主观性规定或者客观性规律，这不能从根本上保证需要的不断实现和满足。而只有把人的需要看作是"主客观统一"的规定性，才能从根本上把握好人的需要,并解决需要实现的深层次问题。因此,界定"需要"的概念,不仅要关注人的情感、动机等主观心理活动,而且要联系和依赖于一定的社会历史发展状况,换言之,应当从人的主观需要与客观的社会现实之间的联系中来把握需要的含义。故而,在构建需要理论体系过程中,应当以人的需要的"主客观统一"的特性来把握需要概念,不断促进、引导需要对社会发展的推动力,将人自身之需要作为需要理论体系的基石。

其次,对人的需要进行合理评价是需要产生和需要实现的中间环节。人的需要不仅有某种主观性,而且有一定的客观性。因此,应当把人的需要放在一定的社会历史条件下进行合理的评价,通过评价需要的产生、需要的发展规律,来研究人的不同需要的评价标准,使每个人根据主客观条件进行需要的合理选择,最终促进人的需要的实现。因此,在需要理论体系中,对人的需要进行合理评价,无疑具有重要的理论意义和实践价值。

再次,需要理论之最终旨趣在于促进人的需要的实现和推动社会的发展。对于每一个人来说,对自身的不同需要进行评价,其根本目的是实现这些需要,弥补自身的各种缺乏状态,以实现人生的意义和价值。故此,实现人的需要是评价人的需要的逻辑必然和归宿。不实现人的需要,所评价的需要只能是潜在的可能性需要,对需要的评价就失去了意义。为此,需要理论的最终目的在于达致人的需要的实现,通过人的实践活动,选择适合自身生存和发展的需要,最终推动社会的发展。

总之,在哲学视域下构建需要理论体系不仅有利于深化和拓展马克思主义唯物史观的研究,而且有助于丰富马克思主义需要理论,使需要理论与社会发展理论相契合,更好地融为一体。

(二) 加强对需要理论的研究,有助于进一步深化价值论的研究

在需要理论研究中,人的需要作为一切活动的源泉和动力,人的一切创造性活动都是为了满足自身的某种需要而进行的。而在哲学价值论中,价值强调了客体是否"满足主体需要的关系"。① 可见,价值的实现要以主体的需要满足为内在根据,这使需要成为价值论研究的核心内容。因此,通过加强和深化需要理论的研究,有助于挖掘人的需要与价值之间的内在联系,从而拓延价值论的研究界域。

首先,在价值的产生上,主体的需要是价值生成的前提性条件。价值表

---

① 钟克钊:《主体需要与价值评价》,《江海学刊》,1994年第5期。

达了人类生活中的一种普遍关系，这种关系体现了"客体的存在、属性和变化对于主体人的意义"。① 在这个意义上而言，价值体现了客体和主体的需要的某种关系，这种关系表征了价值的主观性和客观性，展现了价值是主体需要和客体属性的内在统一。而在二者的统一中，主体的需要起了关键性的作用。换言之，一方面，主体的需要体现了人的主体性，为了实现自身的某种需要，现实的人会通过一定的实践活动使客观事物与主体的需要相适合，使客体属性与主体的需要相融合；另一方面，在一定的价值关系中，离开主体需要的客体不能构成价值，因为尚未和人的需要构成对象性关系的客体，只是所谓的潜在的、可能性的价值性存在，也不能确定它是否有价值以及有何种价值。因此，主体的需要不仅是价值主客体关系中的核心所在，而且也是价值生成的前提性条件。

其次，在价值评价上，人的需要是价值评价的基本尺度。在评价活动中，虽然对事物进行价值评价的根本尺度是看一个人的实践活动是否与社会发展的客观规律相一致，但是，对事物进行价值评价的基本尺度却是主体的某种需要。换言之，同一事物之所以在不同的历史时期具有不同的价值，这主要在于主体的需要在不同的历史时期具有一定的差异性，从而使价值评价的根本标准发生变化。因此，价值评价活动选择评价标准的实质是使与人的需要相联系的价值凸现出来，"以成为评价活动的反映对象"。② 换言之，人有什么样的需要，就会有什么样的价值标准，由此决定"有什么样的评价标准"。③

最后，在价值实现上，价值是根据主体的需要进行创造的，是充分发挥人的主体能动性的结果。价值创造不仅是人类实践活动的一部分，而且是价值实现的前提和基础。由于实践是作为人的本质力量的确证，所以，价值创造活动也是人的本质力量对象化的过程和结果。为满足自身的不同需要，人们会通过一定的实践活动，把主体自身的情感、意志等主体的本质力量揳入并凝结于价值客体之中，使之转化为价值对象，使新的价值和需要不断产生，这充分体现了主体客体化的价值创造过程。可见，正是由于人类能够通过一定的创造性活动来满足自身需要的本性，所以，价值创造活动不仅使人们的需要多向度化，而且还会不断提高需要的质量。于是，人的需要刺激了

---

① 李德顺：《价值论》，中国人民大学出版社2007年版，第8页。
② 陈新汉：《评价论引论——认识论的一个新领域》，上海社会科学院出版社1995年版，第18页。
③ 李德顺：《价值论》，中国人民大学出版社2007年版，第269页。

主体进行创造性的活动,而主体在创造需要的过程中又会不断满足自身的多层次、多方面的需要,在主体自身之需要得到实现后,随着社会的发展变化,又会产生新的需要,而新的需要会进一步引起新的创造性活动,如此不断循环和反复,不仅促进人类自身走向成功和完美,而且会推动社会的不断发展。因此,人的需要是人的价值实现的基础和源泉,离开了人的需要,不仅不会有主体的创造性活动,而且亦难达致人自身价值之实现。

二、论文选题的实践意义

由于需要理论的核心是人的需要,而需要是现实的人进行各种实践活动的内在动力,因此,加强需要理论研究不仅是人类生存和发展的必然要求,而且是提升人性的内在要求。

(一) 加强需要理论研究是人类生存和发展的必然要求

在过去的很长时间里,人们普遍认为追求物质需要是唯物主义,而追求精神需要是唯心主义。这种思想严重禁锢了人们对需要的正确理解,其结果不仅不利于人的生存和发展,而且不利于社会的全面进步。与之不同,需要理论的核心是发现和满足人的不同需要,在此基础上来促进人的生存和发展,因此,加强需要理论研究是人类生存和发展的必然要求。

在沧海桑田的历史嬗变中,每个人都有自己的要求和目的,而这些要求和目的主要是满足自身生存和发展的各种需要,从而使人的需要成为实现自身目的的社会存在物。即任何事物只有成为人的需要,才能成为人们所追求的目的。对于每一个现实的人来说,只有当他感觉到有某种物质上或者精神上的需要时,这些需要才能成为他的目的和愿望。而且,即使是与人世相隔离的、生活在孤岛上的鲁滨孙,不管他生来是多么的简朴,但是,"他终究要满足各种需要",[①] 以确保自身的生存和发展。同样,在需要理论视域下,人们之所以要对自身的不同需要进行评价和选择,其主要原因就在于这些需要能够满足自身的生存和发展。然而,为了实现主体自身的各种目的和需要,为了促进人类的生存和发展,必须要通过一定的实践活动才能达到。需要理论正是以辩证唯物主义和历史唯物主义为方法论,以科学的实践观为理论基石,通过对客观世界的改造来促进主体需要的不断实现。因此,马克

---

① 《马克思恩格斯文集》第5卷,人民出版社2009年版,第94页。

思曾深刻地指出:"为了满足自己的需要,……必须与自然搏斗一样……在一切可能的生产方式中,他都必须这样做。"①

可见,在需要理论论域中,通过人的实践活动来满足人的不同需要,这无疑是人类生存和发展的必然要求。同时,随着社会的不断发展和科学技术的飞速进步,人的需要日益增长,现代人如何实现合理的需要,将成为人们现实生活中不得不面对的重大课题。

(二) 加强需要理论研究是提升人性的内在要求

在人类漫长的历史长河中,需要对于人类文明的延续和发展起了巨大的推动作用。人类可以通过满足自身的不同需要来促进人格的全面发展,并尽可能塑造完美而有意义的人生。因此,以满足人的需要为旨归的需要理论将进一步促进人性的完善。

人性问题异常复杂,它不仅包括人与生俱来的吃、喝等自然属性,而且也包括主体能够进行自我反思的精神属性,甚至还包括他们在所依赖的社会环境中所形成的社会属性。与人性的特征相对应,人的需要也包括自然需要、精神需要和社会需要三个方面。这说明,从人们出生那天起,人性就与人的需要密切联系、须臾不可分割。在此意义上,马克思的需要理论认为,需要是人的本性,人们为了实现自己人性的完善和升华,必然要通过满足自身的自然需要,提升自身的精神需要、实现自身的社会需要来达到。譬如,为了实现人们自身的自然需要,人们都会努力追求和获得生命延续所需要的各种物质条件,这与人的自然属性是一致的。而人们在获得精神需要的过程中,通常会克制人的私欲,这不仅有助于降低或减少人们追求物质利益而忽视伦理道德的不良倾向,而且有利于大家从善去恶、提高道德修养、增强社会责任感。因此,主体追求和实现自身需要的过程,亦是他的能力、知识、道德在不断提高、跃升的过程,而这些方面的提高必然会推进人们道德理想的完善。故而,我们不得不说,人性是通过人的需要而表征、呈现出来的。

总之,加强对需要理论的研究,不仅有助于构建科学的需要理论体系、深化价值论的研究,而且有利于人类的生存和发展,并培养完善人性、铸造完美人格。

---

① 《马克思恩格斯全集》第 46 卷,人民出版社 2003 年版,第 928 页。

第二节　国内外研究现状述评

近年来,关于需要理论的研究逐渐成为国内外学术界研究的重点和热点。从国外观之,国外学界关于需要理论的研究进行得较早,研究内容十分广泛,常见于社会学、经济学、政治学、心理学等领域,研究方法也较为系统和科学。从国内而论,尽管国内学界关于需要理论的研究稍晚于国外,但是,在众多研究领域亦取得了一些可喜的成果。因此,通过比较和分析国内外学界对需要理论研究上的差异,有助于我们进一步深入研究需要理论,关注人的真实需要,为人的自由和全面发展提供强大的学理支撑。

一、国外对需要理论的研究

国外学术界对需要理论的研究由来已久,他们关于需要理论的探讨和研究主要涉及哲学、心理学、社会学、经济学等诸领域。下面笔者分别对这些领域关涉需要问题的相关研究予以简述:

国外心理学领域对需要理论的研究:

从弗洛伊德(1856—1939)对需要问题的研究开始,国外从心理学的角度对需要理论的研究已取得了很大成果。此外,比较著名的还有马斯洛(Abraham Harold Maslow,1908—1970)的需要层次理论、阿德福的ERG论、麦克里兰德的"成就需要论"等。

其一,马斯洛的需要层次理论。1943年,美国社会心理学家马斯洛提出了著名的需要层次理论。他认为,人的需要主要包括五个方面:生理的需要、安全的需要、社会的需要、自尊的需要和自我实现的需要。然而,人的这五个方面的需要不是并列的,而是分层次的。换言之,这些需要按照其重要性的次序,可排成一个从低到高的需要等级,人们会按照这个不同的等级来追求人的不同需要的满足。一般说来,只有当相对低一级的需要获得满足后,相对高一级的需要才能得到满足。相反,当较低级的需要受到威胁时,人们也会采取一种相反的方向发展。同时,由于每个人的动机结构不同,人的五种需要所形成的优势动机也存在着不同。也就是说,越是高级的需要,对于维持人类的生存就越不迫切,其满足也就越能长久地推迟,"并且这种需要也就越容易永远消失"。① 在需要层次理论研究的基础上,马斯洛进一步指出,对于管理者来说,只有知道员工的基本需要,才能全面地了解他们的工作态度,以便促进有效的管理。

其二,阿德福的 ERG 理论。在马斯洛需要理论研究的基础上,美国著名心理学家阿德福通过大量实证研究,提出人有生存需要、关系需要和成长需要,他把人的这几种需要称为 ERG 理论。② 其中,生存需要是人的最基本需要,它主要是指人的物质方面的需要,这种需要类似于马斯洛的生理需要、安全需要。而关系需要则包括人与人之间交往的需要,它对应于马斯洛的社会需要和尊重需要。所谓的成长需要,是指人们都会希望自己能够在事业上不断得到成功,这种需要相当于马斯洛的自尊的需要和自我实现的需要。阿德福通过对 ERG 理论的深入研究,他认为,作为一个管理者,应该了解员工的真实需要。唯有如此,才能有效控制员工的工作行为,最终达到满意的工作成果。

其三,麦克莱兰德的激励需要理论。20 世纪 50 年代,美国心理学家戴维·麦克莱兰德(Mcclelland. David C. 1917—),对人的动机问题进行了大量的研究,在此基础上提出了著名的激励需要理论。麦克莱兰德的需要理论主要关注三种需要:权力的需要、归属的需要和成就的需要。③ 在社会组织中,人们首先关注的需要应当是权力需要,其次才会关心归属的需要和成就的需要。所谓"权力的需要",是指在社会交往中,人们具有影响和控制其他人愿望的某种需要。而"归属的需要"是人与人之间的一种相互交往、相互尊重的需要。"成就的需要",是指人们具有接受工作中的各种挑战的能力,他们能够根据不同任务来明确自己的工作目标、敢于并不断冒险,最终促进自身需要的实现。在激励需要理论的研究基础上,麦克莱兰德进一步指出,对管理人员来说,掌握人的这三种需要,对于培养和选拔各类优秀人才具有重要的现实意义。

其四,豪斯的目标导向需要理论。1971 年,加拿大多伦多大学教授 R. J. 豪斯提出了目标导向需要理论。此理论的根本点是"领导方式要根据不同情况选择使用"。④ 此理论的主要内容包括:首先,在需要的评价上,领导者应

---

① [美] 马斯洛:《人的潜能和价值》,杨功焕译,华夏出版社 1987 年版,第 201 页。
② Arnolds. C. A. Boshoff. Christ. Compensation, esteem valence and job performance: an empirical assessment of Alderfer's ERG theory. International Journal of Human Resource Management. 2002, (4).
③ 刘海藩、侯树栋、唐铁汉等:《领导全书》第 4 册,九州出版社 2001 年版,第 620 页。
④ 时蓉华:《社会心理学词典》,四川人民出版社 1988 年版,第 257 页。

当认识到职工存在一定的目标需要,并设法激起职工的这种需要。① 其次,在需要实现的方法上,领导应当采取指示式、支持式等多种类型,并根据职工个人需求和环境因素来采用相应的领导方式,② 以体贴的精神使职工的各种需要顺利得到满足。③ 换言之,该理论的实质是要求单位领导者为实现一定的目标,用体贴精神关心人,"满足人的需要,引导职工通向预定的目标"。④

可见,以上的学者都是从心理学的角度对人的需要进行深入的研究,对于重视人的心理、动机的激励等作用,具有一定的理论启示和现实意义。但是,这些理论主要研究人的行为动机的激励因素,没有把需要放在一定的社会实践活动中论述,这和马克思主义需要理论有很大的不同。

国外经济学领域对需要理论的研究:

在西方经济学界,同样有很多学者从经济学的角度对需要理论的相关问题进行分析,进一步推动了需要理论的研究。约翰·梅纳德·凯恩斯(John Maynard Keynes,1883—1946),作为现代西方经济学界著名的的经济学家,他创立的"有效需求"理论影响深远。1936年,他出版了经济学名著《就业、利息和货币通论》,他在此书中指出,在资本主义社会,尽管各种社会决策可以影响未来,⑤ 但是,社会仍然出现了经济萧条的现象,分析其根本原因在于"有效需求"不足,而"有效需求"不足直接导致了投资者对经济行为的影响。因此,"在需要原动力之处",⑥ 理智必须要依赖想象、情绪、机缘等。为了推动投资,凯恩斯主张通过扩大"有效需求"来增加人们就业,从而促进经济社会的发展。实践证明,凯恩斯的"有效需求"理论有效地挽救了资本主义,此理论也很快成为西方诸国制定宏观政策的理论依据。之后,作为法国资产阶级经济学家的弗雷德里克·巴师夏(Frédéric Bastiat,1801—1879),在其代表作《和谐经济论》中,专门对需要理论的相关问题进行了论述。其一,弗雷德里克·巴师夏认为,人的"需要和欲望"是经济学研究的对象。他指出,在日常的经济交换中,社会所提供的各种服

---

① 袁世全:《公共关系百科辞典》,知识出版社1992年版,第118页。
② 同上。
③ 同上。
④ 郑大本、赵英才:《现代管理辞典》,辽宁人民出版社1987年版,第737—738页。
⑤ [英]约翰·凯恩斯:《就业、利息和货币通论》,高鸿业译,商务印书馆1994年版,第139页。
⑥ 同上。

务就是为了不断满足人的需要和欲望,因此,他把"服务交换"看作是统治社会的最高规律。其二,资本不仅是人的需要得到满足的主要途径,而且是推动社会发展的主要动力。弗雷德里克·巴师夏认为,资本在发挥创造财富作用的时候,人们会不断迫使自然界为自身和社会服务,这时,随着人摆脱自身"最迫切的需要",① 人们可以唤醒和激发自身智力和精神上的功能,以促进自身需要的实现。为此,资本不仅使"我们的需要高尚了",② 而且使"道德变成了习惯,使社会性发展了"。③

可见,凯恩斯、巴师夏从经济学的角度对需要问题进行了深入研究,其思想深刻、内容丰富,但是,他们没有从资本主义制度上探讨"需求不足"和贫困的根源,从而揭示出"资本主义社会经济内在矛盾的深刻"。④

国外社会学领域对需要理论的研究:

伴随着经济全球化和信息化的迅猛发展,以及当前新型社会关系的产生和社会结构的变化,社会政策研究正成为世界各国学术界关注的焦点。为此,英国社会学家莱恩·多亚夫和伊恩·高夫,在借鉴哲学、经济学、心理学等学科理论的基础上,从社会学的研究角度来分析社会对社会需求的反应,从而对人的需要理论作了详细和深入的研究。在《人的需要理论》一书中,莱恩·多亚夫和伊恩·高夫具体论述了人类需要的必然性、需要的基本原理、满足基本需要的社会前提条件、实践中的人的需要等内容,为我们加强需要理论的研究提供了很大的借鉴意义。首先,在研究方法上,莱恩·多亚夫和伊恩·高夫认为,需要理论是实质性的和程序化的。他们指出,由于现实的福利制度必须以某种方式把个人满足需要的权利以及决定这种满足如何得到实现的参与权结合起来,因此,在建立这样一种理论并且在实践中运用的过程中,研究方法必须是"实质性的和程序化的"。⑤ 其次,在需要的定义上,他们把需要看作作为一定的主体为了避免客观性的伤害所必须"达到

---

① [法]弗雷德里克·巴师夏:《和谐经济论》,许明龙等译,中国社会科学出版社1995年版,第196页。
② [法]弗雷德里克·巴师夏:《和谐经济论》,许明龙等译,中国社会科学出版社1995年版,第216页。
③ [法]弗雷德里克·巴师夏:《和谐经济论》,许明龙等译,中国社会科学出版社1995年版,第216页。
④ 孙鼎国、王杰:《西方思想3000年·上》,九洲图书出版社1998年版,第311页。
⑤ [英]莱恩·多亚夫、[英]伊恩·高夫:《人的需要理论》,汪淳波、张宝莹译,商务印书馆2008年版,第7页。

的可以普遍化的目标",① 并进一步使人的客观"需要"与人的主观"想要"相区分,从而为我们科学定义"需要"提供了重要的参考依据。再次,在需要理论的结构上,莱恩·多亚夫和伊恩·高夫认为需要理论包括理论和实践两个方面的层次。第一,他们认为需要理论所划分的理论层次,区别了普遍目标、特殊满足物和社会前提,以及"基本需要、中间需要",② 等等。第二,需要理论所划分的实践层次,它表明了该理论在参与一种"社会生活方式和人类解放之间的界线"。③ 最后,在需要的满足方式上,个人的需要在原则上能多大程度得到满足主要依赖于"目标得到成功实现的程度"。④ 因此,社会进步在于一些社会组织模式比其他模式能够"更适合于满足人的需要"。⑤

可见,莱恩·多亚夫和伊恩·高夫从社会学角度对需要进行研究,开辟了需要理论研究的新领域。

马克思对需要理论的研究:

与其他的学者不同,马克思在探讨需要理论时,以历史唯物主义的观点来研究人的需要,从而对需要的相关问题进行了科学论述,这在学术界是空前的。马克思对需要理论的最早关注可以追溯到《莱茵报》时期,他当时已经认识到需要和人的切身利益密切相关,而利益正是人的需要在社会关系中的某种体现,这种思想奠定了马克思对需要问题研究的基本脉络。之后,在《1844年经济学——哲学手稿》中,马克思首次对需要的相关问题进行了全面阐述。他在提出"需要概念"的基础上,对需要的层次、需要异化、需要与人的本质等问题进行了认真探讨,表明马克思的需要理论体系已经初步建立。紧接着,在《德意志意识形态》中,马克思进一步从人类社会历史发展的进程来研究人的需要,把需要看作是人类历史产生的前提和基础。在此基础上,马克思提出了"需要层次理论""需要是人的本性"思想,从而标志着马克思需要理论的基本形成。最后,在《资本论》和《1844年经济学——

---

① [英]莱恩·多亚夫、[英]伊恩·高夫:《人的需要理论》,汪淳波、张宝莹译,商务印书馆2008年版,第70页。
② [英]莱恩·多亚夫、[英]伊恩·高夫:《人的需要理论》,汪淳波、张宝莹译,商务印书馆2008年版,第214页。
③ 同上。
④ [英]莱恩·多亚夫、[英]伊恩·高夫:《人的需要理论》,汪淳波、张宝莹译,商务印书馆2008年版,第115页。
⑤ [英]莱恩·多亚夫、[英]伊恩·高夫:《人的需要理论》,汪淳波、张宝莹译,商务印书馆2008年版,第30页。

哲学手稿》中,马克思的需要理论得到了进一步的发展和完善。一方面,在《1844年经济学——哲学手稿》研究的基础上,马克思提出了"需要和生产"的辩证关系思想。他认为,生产和需要互为前提、相互制约,两者共同推动社会和人的不断发展;另一方面,马克思从历史唯物主义观点出发,提出了"人的需要体系"思想。其一,人的需要具有社会性,正是这种社会性把人的需要构建成一个所谓自然的体系。其二,人的需要具有变动性,因而人的需要体系表现为不断由低向高发展的趋势。其三,"人的需要体系"以"社会生产的体系"为基础,并随后者的发展而变化。可见,马克思在论述需要理论的时候,不像其他学者那样只是对需要的某些问题进行零碎的讨论,而是系统地对人的需要展开全面的论述,形成了马克思的需要理论体系。

总体来讲,国外学者对需要理论的研究起步早,研究成果相对丰富,研究领域也比较宽泛。这为国内学者进一步加强需要理论的深入研究提供了较好的理论视角和学理铺垫。

二、国内对需要理论的研究[①]

近年来,国内不同的学者从不同视角,对需要理论进行了多维度的阐释,取得了一定的学术成果,对本书的写作具有较大的理论借鉴意义。归纳而言,国内学者对需要理论的研究,主要集中于以下几个方面:[②]

1. 关于需要的概念界定

在对需要的概念研究上,国内学者从不同视角分析了需要的概念并阐述了其基本内涵。概而言之,国内学界对"需要概念"的界定较为典型的主要有如下五种观点。

第一种观点从人的主观性上来分析需要,把需要看作主体的某种内在的心理要求和心理状态,因此,需要通常相当于主体的"愿望、欲念、渴望"。[③]

第二种观点把需要看作人对"外部世界和自身"的某种依赖性。一方面,由于需要产生于主体自身的结构规定性和主体同外部世界的不可分割的联系,因此,"'需要'是人的生存发展对外部世界及自身活动依赖性的表

[①] 董晓飞、李西泽:《近年来国内需要理论研究述评》,《华北电力大学学报》,2012年第3期。
[②] 此部分仅对国内学界的研究状况进行分析,不包括中国共产党领导人的相关论述。
[③] 冯平:《评价论》,东方出版社1995年版,第100页。

现";① 另一方面，由于需要是人们对自身的生存、享受和发展的客观条件的依赖和需求，因此，需要反映了人们在现实生活中的"匮乏状态"，这种状态是人们进行"积极行动的内在动因"。②

第三种观点指出，"需要"是一个有机体，是有机体与外部环境之间的一种需求平衡状态的信息和能量交换，由于缺乏某种重要的刺激，因而引起有机体的紧张状态，即"有机体与环境之间形成的不平衡状态"。③

第四种观点认为，"需要是人们基于社会发展和人的发展状况而产生的对人的存在和发展条件的缺失或期待状况的观念性把握"。④ 这种观点在动态的社会发展进程中来研究需要，通过强调"需要"是主体对自身缺失状态的观念性把握，来深刻张扬人的主体性，从而为实现人的各种需要提供理论上的支持。

第五种观点把需要看作一种摄取状态。需要作为一般性的范畴，它表明了有机体的一种特殊状态，即"摄取状态"。⑤ 这种摄取状态，一方面表征着有机体对周围环境、外部世界的依赖和需求；另一方面又彰明了有机体具有获取和享用一定对象的机能，从而使这种有机体为了自我保存和更新而进行的"各种积极活动的客观根据和内在动因"。⑥

以上关于需要范畴的几种主要观点，它们都从各自不同的角度提出了关于需要定义的不同见解，为现实生活中了解人的不同需要提供参考和依据。

2. 需要的属性研究

在需要理论的研究中，需要的属性也是国内学界关注之重点。一种观点认为，需要具有主观性，是人的一种主观欲望。由于需要体现了有机体具有获取某种特定对象的机能，因此，需要反映在人的主观心理上就是欲望、希望、愿望和需求。⑦ 第二种观点认为，需要具有客观性。由于人是现实的人，人的需要必然要受到一定的社会因素、自然因素的制约。因此，在需要的产生、满足等方面，都表明人的需要"具有客观性"。⑧ 第三种观点认为，需要具有主客观统一性。简言之，当需要以主观欲求的形式来反映人的

---

① 李德顺：《价值论》，中国人民大学出版社2007年版，第62页。
② 袁贵仁：《价值学引论》，北京师范大学出版社1991年版，第51页。
③ 林传鼎、陈舒永、张厚粲：《心理学词典》，江西科学技术出版社1986年版，第461页。
④ 阮青、牟笛：《当代中国社会需求观问题研究》，《贵州社会科学》，2010年第6期。
⑤ 李连科：《哲学价值论》，中国人民大学出版社1991年版，第79页。
⑥ 陈志尚、张维祥：《关于人的需要的几个问题》，《人文杂志》，1998年第1期。
⑦ 同上。
⑧ 叶良茂：《略论需要的客观性》，《哲学动态》，2002年第5期。

主观目的时，它就"表现为主观性"；① 而一旦主体通过自身的实践活动，使自身的主观欲求变成客观现实时，"需要就表现为客观性"。②

总之，需要是个二重性的范畴，它不仅有主观性，而且有客观性。一方面，从内容上来说，需要具有客观性。因为人的需要是不以主体的意志为转移的。另一方面，从形式上看，需要具有主观性。人每时每刻都是把自己作为意识的对象的，因而他的需要总是被意识到的需要。正是在这个意义上，需要是主观与客观的统一。

3. 关于"需要是否是人的本质"的争论

我国哲学界在需要理论的研究中，对于如何理解需要的本质，一直莫衷一是，存在着重大分歧。一些学者认为，需要是人的本质力量的确认和表现，因此，需要是人的本质。但也有一些学者对此持质疑态度，他们认为，需要不是人的本质，只有社会实践才具备这个条件。还有论者认为，需要是一种人性，但不是人的本质。

关于"需要是否是人的本质"的讨论，国内学界有三种具有代表性的观点。一种观点认为，需要就是人的本质。对于现实的人来说，他既是一种自然的存在物，又是一种有生命的自然存在物。而作为有生命的自然存在物的最显著特点"就在于他有需要"，③ 正是这种需要，才促使现实的人去进行各种社会生产活动。因而，需要构成了人们进行生产活动的原动力和原目的，体现了人们的能力和自由发展水平，正是在这个意义上，"人的需要实质上是人的本质力量的确认和表现"。④ 另有论者认为，需要并非人的本质，实践才是人的本质。人的本质是人性中最根本和最具有决定意义的属性，它从整体上规定了人的存在和发展，人的所有其他特性都是人的本质属性的展开和演绎，并受这种属性的影响和制约。显然，需要起不了这种作用。具备人的本质的资格的"只能是社会实践"，⑤ 即现实的人在一定社会条件下所进行的生产劳动和其他各种实践活动。还有论者认为，需要是一种人性，但不是人的本质。马克思曾经指出需要是人的本性，这说明"对需要的

---

① 李连科：《哲学价值论》，中国人民大学出版社1991年版，第82页。
② 同上。
③ 姚顺良：《论马克思关于人的需要的理论——兼论马克思同弗洛伊德和马斯洛的关系》，《东南学术》，2008年第2期，第107页。
④ 赵长太：《马克思需要范畴的三重意蕴》，《学术论坛》，2007年第11期，第45页。
⑤ 陈志尚、张维祥：《关于人的需要的几个问题》，《人文杂志》，1998年第1期。

考察实际是对人性的探寻"。① 人性与人的本质是两个不同的概念,人性是指在一定社会历史条件下形成的人的本性,人性主要有自然属性、社会属性等;而人的本质是指人在一定社会关系中所从事的劳动实践。如果把需要看作人的本质,就会忽视马克思主义唯物史观关于"人的本质是社会关系的总和"的科学论断,其结果会泛化人的本质,并混淆人与动物的本质区别。所以,需要只是一种人性,而不是人的本质。

4. 需要与生产的关系

众所周知,根据马克思主义唯物史观,人的需要的产生离不开一定的生产活动,而生产的发展也同样离不开人的需要的推动作用,因此,需要与生产紧密相连,相辅相成。但是,学术界在关于需要与生产谁是第一性的问题上则存在较大的分歧。

大致来说,国内学术界关于"需要与生产的关系",有三种具有代表性的观点。第一种观点可以被称为"生产决定论"。持这种观点的学者认为,在需要与生产的相互关系中,生产起了决定性的作用,它决定着需要的产生和发展。而需要只是推动生产发展的内在动因,但不能从根本上决定生产的发展。② 第二种观点可称为"需要决定论"。该观点指出,在现实的社会生产中,人的需要能够激发起人的生产积极性,从而推动社会生产的发展,所以,"人的需要就是人类历史发展的最初,也是最终的动因"。③ 而生产的目的只是满足人的某种需要,因而,在需要与生产的关系中,需要决定着生产,需要起了决定性的作用。第三种观点是前两种观点的统一,这种观点认为,需要与生产处在一种双向的互动联系之中。人的需要的产生和生产活动的发生只能从双方的辩证联系中才能得到科学的说明。一方面,人们为了满足自身的不同需要,才去进行各种生产活动;另一方面,人的不同需要只有在一定的生产活动中才能得到满足和确证。④ 因此,"生产决定需要,需要推动生产",⑤ 正是两者的矛盾运动进一步推动社会的不断进步和发展。

5. 需要与价值的关系

人们的实践活动,既是满足自身需要的过程,也是确立自身价值的过程。

---

① 李文阁:《需要即人的本性——对马克思需要理论的解读》,《社会科学》,1998 年第 5 期。
② 张维祥:《需要、劳动和人的本质》,《北京大学学报(哲学社会科学版)》,1993 年第 1 期。
③ 苑一博:《人的需要是社会历史发展的动因》,《内蒙古大学学报(人文社会科学版)》,2002 年第 5 期,第 86 页。
④ 张志伟:《需要的意蕴与表征》,《江汉论坛》,2004 年第 2 期,第 20 页。
⑤ 王伟光:《论人的需要和需要范畴》,《北京社会科学》,1999 年第 2 期。

因而,"需要与价值"的关系是价值论研究的一个中心问题。国内学术界关于"需要和价值的关系"的观点主要有:其一,不少人主张,在需要与价值的关系上,需要是价值的核心内容,价值强调了"客体满足主体需要的关系"。① 首先,事物是否具有价值,主要取决于"主体需要的结构及其变化";② 其次,衡量事物对象的价值尺度的是"主体的需要",③ 而不是客体的属性;最后,价值判断的合理性由"主体需要的合理性来决定"。④ 其二,也有不少学者认为,价值的性质和程度如何,主要取决于价值关系中主体的状况,而不仅仅是由人的需要来决定。一般而言,所谓价值,就是指客体的存在、属性及其变化同"主体的尺度是否相一致"。⑤ 在这里,用客体适合于主体的尺度,而不是仅仅用"'满足主体需要'来界定价值",⑥ 因为人的需要并不能包括和涵盖主体尺度的全部。其三,另外一些学者认为,价值问题与需要密不可分。一方面,需要是价值产生的基础和内在动因;另一方面,价值也是需要得到满足的保证。⑦ 笔者认为,在需要和价值的关系中,两者相互交织,相辅相成。主体在评价和实现自身需要的过程中,也是客体的价值得以完善的过程。人类正是在需要和价值的产生、评价和实现中,达到人类社会的合规律性和合目的性的统一,进而达致社会发展层级的跃迁。

总之,目前国内外学术界对需要理论的诸多方面都进行了深入和细致的探讨,这些观点有利于我们进一步对需要理论进行研究和理解。然而,这些研究仍然存在一些不足之处,如对需要理论的研究主要局限于对需要理论本身的论述,而对需要理论与现实的关系缺少深入挖掘,对需要理论体系的架构也较为单薄等。鉴于此,对需要理论之研究有很大的探究空间,我们可以在前人研究的基础上做更加深入、全面的探索,以期在新的时代际遇下推进马克思主义价值论研究的层级跃升。

---

① 孙伟平:《价值定义略论》,《湖南师范大学社会科学学报》,1997年第4期。
② 钟克钊:《主体需要与价值评价》,《江海学刊》,1994年第5期。
③ 同上。
④ 陈翠芳:《主体需要的合理性是价值判断合理性的标准》,《湖北大学学报(哲学社会科学版)》,2005年第3期。
⑤ 李德顺:《新价值论》,云南人民大学出版社2004年版,第27页。
⑥ 同上。
⑦ 黄树光:《需要的双重性缺乏与价值产生》,《内蒙古社会科学(汉文版)》,2002年第6期,第26页。

三、对现有研究成果的分析与评价

从上述国内外学者对需要理论的研究来看，这些成果主要有以下显著的特点：

第一，从目前的学术成果来看，国外学界对需要理论的研究起步较早，研究成果也相对丰富。国内学界对需要理论的研究起步较晚，故而在需要理论研究的诸多方面略显不足。但是，近年来，随着国内需要理论研究的逐渐兴起，在国内学人的勠力同心下，我们对需要理论某些方面的研究也取得了丰硕的成果。总之，随着国内外学术界对需要理论研究的深入，不仅丰富了该研究的思路与方法，亦为我们对需要理论的深入研究奠定了良好的基础。

第二，从研究内容上看，国外学界对需要理论的研究较为深入和系统，并表征为多学科交叉综合的特点。研究内容广泛，主要集中在心理学、社会学、经济学等领域。但是，他们从哲学的角度对需要理论进行研究的专著则相对较少。鉴于此，本文在借鉴国外需要理论研究成果的基础上，从哲学视角对需要理论进行了全方位的研究，尽管这些研究仍处于起步破题阶段，但对于需要理论的深入研究具有重要的推动作用。

第三，从研究方法上来说，我国学界对需要理论的研究尚未形成一套完整、系统的理论，许多研究仍停留在对需要理论相关问题的分析、阐述阶段，还没有从经验的个体分析研究上升到系统理论研究的高度。特别是在需要理论的动态研究上，只是从一般理论层面对需要的内容、特点等问题展开讨论，尚未从整体上来探讨需要理论的发展运行过程。为此，本书立足于需要理论的动态和整体研究，从需要的产生、需要的评价、需要的实现等几个方面来研究需要的变化和发展过程，使需要理论成为一种完整的科学体系。

第三节　难点及创新点

一、研究的难点

首先，由于本书是在对古今中外需要理论历史考察、文本梳理的基础上，进一步以哲学的角度来对需要理论进行研究的，而中外学者对需要理论的研究已经有几千年的历史,这些研究对象不仅时间上跨度大,而且空间上范围广。因此,本书对需要理论的研究难度很大。

其次,需要理论是一种综合性的学说,涉及心理学、经济学、政治学等多学科、多领域。同时,纵观国外需要理论的代表人物,大多涉猎广泛、学识渊博,要想准确地把握他们的理论并领会其理论内核,需要阅读很多外文文献和辅助资料。但囿于作者语言能力,很难做到对这些文献资料进行全面而准确的理解。

最后,由于个人的实践经验较少,用需要理论来解决现实问题存在一定的困难。同时,鉴于需要理论自身所涉内容的广博性、跨学科性、复杂性等特点,决定了笔者对需要理论的研究的难度、深度与厚度。因此,如何在文章中做到恰到好处是写作中遇到的另一难题。

二、研究的创新点

1. 选题创新:在现有的诸多研究成果中,从哲学的角度对"需要理论"进行系统研究的专著和论文鲜见。因此,本书在前人研究的基础上,从哲学的理论视角就需要理论本身存在的诸多问题进行较为系统的梳理和研究,对于推进国内外有关研究具有一定的创新意义。

2. 视角创新:国内外学者大多从心理学、社会学、经济学等角度研究需要理论,与此不同,本书从马克思主义哲学的高度对需要理论进行研究,按照需要理论的整体演进规律进行全面、系统和深入的分析,力求使需要理论的研究有所突破。

3. 内容创新:本文对需要理论的整体逻辑、内容框架的研究和分析是一个创新点。在内容上,按照需要理论的思想渊源、需要理论概念的厘定、需要产生的根据、需要的评价、需要的实现进行论述,挖掘了众多与需要问题相关的深层次问题,在这一方面,学界的著作涉猎很少,因而从这一层面研究需要理论也成为本书的一个创新点。

第四节 思路和方法

一、研究思路

本文以辩证唯物主义和历史唯物主义为指导,在收集、整理、归纳国内外学者研究成果的基础上，在马克思主义哲学视域下，对需要理论进行系统性研究。

本书首先从需要理论的思想渊源入手，依次对需要理论概念的厘定、需要产生的根据、需要的评价、需要的实现予以阐释。力求在辩证唯物主义和历史唯物主义的指导下，针对当前国内外需要理论研究现状，提出需要理论研究的探索性建议。

本书分五章：

导言　提出了选题的理论意义和实践意义；国内外研究现状述评；阐述了研究的难点和创新之处，在此基础上介绍了本书的研究思路和基本方法。

第一章　探索需要理论的思想渊源。分别介绍并厘清了中国历史上的需要思想、中国当代社会的需要思想、西方哲学史上的需要思想、马克思、恩格斯的需要理论、西方马克思主义需要思想等内容，以期对需要理论的来源有一个总体性的认知。

第二章　阐述需要理论的概念，首先对需要、需要理论进行界定，然后指出了需要的本质和特征，最后概括划分出了需要的类型，为我们把握需要理论提供了宏观的指导思路。

第三章　分析需要产生的根据，主要论述了自然因素、心理因素、社会因素是需要产生的三个依据，这对于我们正确分析需要的产生、避免唯心主义，具有重要的启示意义。

第四章　概括需要的评价，从评价的本质和特征入手，分析了评价的发展过程，在此基础上，使我们选择合理的需要，为实现人的需要做好铺垫。

第五章　研究需要的实现，本章从需要选择入手，分析了需要选择中的现实困境，以此为基础，提出了需要实现的原则和策略，最终达致人的需要的实现。

二、研究方法

1. 思想史研究方法：在思想史路径中，侧重对需要理论产生、发展、演变的思想脉络的分析和探研，并对需要理论相关的文献进行批判与反思，力图从历史发展谱系之整体角度对需要理论进行深刻的分析，从而挖掘出该理论思想的内在价值。

2. 哲学研究方法：对需要理论、需要概念范畴进行哲学上的分析，剖析此含义在不同历史时期的发展状况，提炼出需要、需要理论的科学内涵，并以此作为我们研究的理论出发点。

3. 系统研究方法：本书将需要理论看成是一个完整的系统理论体系。在研究中统筹兼顾需要理论内部各个要素，在行文中注重各个理论部分之间的协同应对、良性互动，最终推进需要理论研究的完善与发展。

4. 比较学方法：通过将马克思需要理论与西方马克思主义流派、东欧马克思主义流派等学派的需要理论进行比较研究，凸显马克思需要理论的科学性，从而推动我们对需要理论的进一步深入研究和探讨。

第一章　需要理论的思想渊源

"需要理论"作为哲学研究中的重要问题，不断深化此理论的研究，不仅有一定的理论价值，而且有重大的现实启示价值。因此，本章致力于对需要理论的思想渊源进行广泛讨论和梳理，以期在研究方法和视阈上得到改进和拓宽。

第一节　中国历史上的需要思想

中华民族有着悠久的历史文化，在几千年社会历史发展的长河中，形成了源远流长的需要思想，这不仅是中国传统文化中不可分割的部分，而且是全人类重要的精神财富。

一、中国古代社会的需要思想

中国古代的思想家对需要问题的研究往往蕴含在对"欲望"的探讨中，欲望不仅是主体对需要的一种体验形式，而且是将主观的需要转化为客观的需要的中介。然而，由于受到时代的限制，中国古代思想家对需要的研究往往局限于自然性的范围，从而使"欲望"和"需要"绑在了一起，而这一点也恰恰是深入分析中国古代需要思想的重要线索。

孔子的需要思想是孔子哲学思想的组成部分。虽然孔子没有专门对"需要"进行论述，但是他通过"欲"来谈论人的需要，这对于研究人的需要有一定的参考价值。

孔子把人的需要分为物质需要和精神需要两个层面。他认为："饮食男女，人之大欲存焉。"[①] 也就是说，饮食问题、男女关系问题是人的两个最基本的需要，前者对应人的物质需要，而后者则指人的精神需要。由于这两种需要是人人具有的，因此，统治者既要满足百姓的物质需要，又要满足他们

---

① 王云五：《礼记今注今译》，王梦鸥注译，新世界出版社2011年版，第200页。

的精神需要。孔子进一步指出了物质需要和精神需要的差别。他认为:"富与贵,是人之所欲也,不以其道得之,不处也。"① 在这里,孔子把富裕和显贵看作是人的物质欲望,它们是人人都想得到的,但如果不用正当的方法得到它,就不能好好享受。对于人的精神需要来说,"仁远乎哉?我欲仁,斯仁至矣"。② 也就是说,每个人只要在观念上有仁爱之心,就可达到仁,而不用向外求。然而,由于每个人都有过度追求物质需要的天性,所以对物质需要必须采取克制的态度;而人的精神需要完全是内在的因素,人只要相信"仁"在心中,就不会随心所欲地做坏事,所以不必去克制人的精神需要。

在孔子需要思想的影响下,孟子十分注重人的精神需要,而轻视人的物质需要,主张对物质需要采取"寡欲"的态度,从而达到"养心"的状态,这形成了孟子特殊的需要思想。

孟子认为,人有物质需要和精神需要,"理义之悦我心,犹刍豢之悦我口",③ 也就是说,"理义"是人的精神需要,而"刍豢"是人的物质需要。但是,如果人们仅仅追求物质需要的满足,就和动物相去不远了,"人之有道也,饱食、暖衣、逸居而无教,则近于禽兽"。④ 因此,应当进一步追求人的精神需要——"理义",这才是人生的最高追求。为此,孟子认为道德本心是先天的,但由于物质需要的桎梏,使人丧失了本心,所以要克制欲望,使本心恢复。所以,孟子指出:"养心莫善于寡欲。"⑤ 也就是通过"修心"来克制物质需要的"欲",来达到"寡欲"。

可见,孟子将人的物质需要与精神需要对立起来,为追求精神需要的"仁义"开辟了道路,这显然是对孔子"克己复礼为仁"思想的进一步发挥。

荀子采取比孔孟更积极的态度来论述"欲望"。他在提出"欲"是人的天性的基础上,进一步形成了"以礼养欲"思想,并把满足欲的方法理性化、制度化。

其一,人的物质欲望是与生俱来的。"人生而有欲;欲而不得,则不能无求。"⑥ 人一生下来就有吃、喝等物质需要,这是人与生俱来的生理机能。其二,人有追求物质需要的本性。"欲者情之应也。以所欲为可得而求之,情

---

① 杨伯峻译注:《论语译注》,中华书局2005年版,第36页。
② 杨伯峻译注:《论语译注》,中华书局2005年版,第74页。
③ 杨伯峻译注:《孟子译注》,中华书局2007年版,第261页。
④ 杨伯峻译注:《孟子译注》,中华书局2007年版,第125页。
⑤ 杨伯峻译注:《孟子译注》,中华书局2007年版,第339页。
⑥ 北京大学《荀子》注释组:《荀子新著》,中华书局1979年版,第308页。

之所必不免也。"① 也就是说，"欲是情"的感应，人人都有追求物质需要的权利，这是任何人不能禁止的。由此出发，荀子反对墨子的禁欲主义思想，因为这样不利于人们物质需要的满足。其三，由于人有过度追求物质欲望的本性，因而应当用"礼来养欲"。虽然人人都有追求欲望的天性，但是，由于社会资源的有限，这就使社会的有限资源和人的无限欲望产生冲突。因此，荀子主张制定"礼义"等道德规范来约束人的欲望，"制礼义以分之，以养人之欲，给人之求"，② 使人的欲望与社会规范相适应。

墨子需要思想的出发点是肯定有生命的人的现实存在。他认为，生命是人存在的基础，因此，"欲"是人的本性和生命源泉，"民生为甚欲，死为甚憎"。③ 在此基础上，他从社会价值导向上论述人的需要。在社会生产上，他崇尚"兼爱"，以"兴天下之利，除天下之害"④ 为己任，从而把"利"提到了"义"的高度。具体来说，"义"的内涵是："天欲其生""天欲其富""天欲其治"。"天欲其生"是人应当拥有不可剥夺的自然需要，"天欲其富"表明人应当具有一定物质需要的权利，而"天欲其治"说明人有追求良好的社会关系的需要。这样，墨子就把"义利"规定为从自然需要到社会关系需要的价值内容。最后，墨子通过禁欲节俭思想来关注人民群众的利益和需要，⑤ 只要能满足百姓基本的生活需要即可，而一切奢侈浪费的策略就不必要了。

与儒家、墨家的需要观不同，老子推崇自然之道，轻视人的欲望，提出了"无知无欲"的需要思想，并把它贯彻到人生的各个方面。

老子指出，"道"和"自然"密不可分，"道"既是自然的存在方式，又是人的内在本质，因此，只有遵循"道"的自然才是人生的最高境界。"自然"作为人类社会存在和发展的根本原则，它和人的欲望完全对立。老子曰："以圣人欲不欲，不贵难得之货。"⑥ 也就是说，圣人能使"有为"变为自然"无为"，帮助万物按其自然的无为方式发展。老子进一步指出，人的欲望受一定社会道德规范体系的引导，它会违背自然的存在方式和

---

① 北京大学《荀子》注释组：《荀子新著》，中华书局1979年版，第383页。
② 北京大学《荀子》注释组：《荀子新著》，中华书局1979年版，第308页。
③ 周才珠、齐瑞端译注：《墨子全译》，贵州人民出版社1995年版，第74页。
④ 周才珠、齐瑞端译注：《墨子全译》，贵州人民出版社1995年版，第291页。
⑤ 张岱年：《中国伦理思想研究》，江苏教育出版社2005年版，第4页。
⑥ （春秋）老子著，李泽非整理：《道德经》，万卷出版公司2009年版，第220页。

运行法则，因此，仁义等道德规范的产生是道德本身的蜕化。① 所以，老子主张复归人的道德，即从"仁义"的下德回归到"自然"的上德，从"有为"回到"无为"。总之，他通过取消一切仁义道德规范来消除人的主观欲望，以达到没有名、物之知，没有利的"无知无欲"。②

汉唐时期需要理论的发展，是对先秦需要问题研究的展开。与先秦儒家一样，董仲舒通过论述"义利"关系来表达人的需要。

在他看来，由于"义利"有其现实的合理性，所以应当"义利两养"，义利分别对应人的精神需要和物质需要，两者不可缺少。③ 在现实生活中，"利以养其体，义以养其心"。④ 也就是说，物质需要是人生存发展的前提，而精神需要则体现了人的价值和意义。然而，虽然董仲舒很重视人的需要，但当涉及伦理道德领域，就暴露出他轻视人的物质需要的立场。他指出："正其谊不谋其利，明其道不计其功。"⑤ 即理想人格的标准是精神需要，而不是物质需要，这样就把利排除出道德领域。如此一来，他又提出"节民以礼"思想，由于物质需要会使人走向恶，因此，应当以适中的态度对待人的物质需要，这是宇宙的最高法则。而要做到"中和适度"，必须要贯彻"理"的原则，使老百姓合理控制自己的物质需要，严格遵循礼的道德规范，这样可以使老百姓自觉遵守封建伦理规范。

宋、元、明、清时期，理学派主张用天理来制约人的欲望。而戴震、王夫之等人反对理学这一思想，他们把欲望看作是人的本性，主张欲和理的统一。因此，理学与反理学的斗争是这段时期的思想主线。

朱熹是理学派的主要代表，他总结先秦以来诸家对需要问题探讨的得失，对需要问题进行了系统的分析。关于天理和人欲，朱熹认为，"饮食，天理也"。⑥ 这说明，"天理"⑦ 是人没有任何私欲的天然状态；而"重求美味，人欲也"⑧。也就是说，人们追求正当的自然需要是天理，而过度追求人的物质需要就成人欲了。可见，朱熹并不是一概不论地反对人的正当需要。由于在日常生活中，人们会被自身的私欲蒙蔽，而不能真正悟到"天

---

① 朱贻庭：《中国传统伦理思想史》，华东师范大学出版社2003年版，第74页。
② （春秋）老子著，李泽非整理：《道德经》，万卷出版公司2009年版，第11页。
③ 朱贻庭：《中国传统伦理思想史》，华东师范大学出版社2003年版，第219页。
④ （汉）董仲舒：《春秋繁露》，周桂钿译注，中华书局2011年版，第122页。
⑤ 白维国：《现代汉语句典·下卷》，中国大百科全书出版社2001年版，第1789页。
⑥ （宋）黎靖德：《朱子语类（第1册）》，中华书局2004年版，第224页。
⑦ "天理"指人类社会所共同遵守的"仁义"等伦理规范。
⑧ （宋）黎靖德：《朱子语类（第1册）》，中华书局2004年版，第224页。

理",为此,朱熹提倡在认识"天理、人欲"的基础上,去除人的私欲,使"人欲"复归于人的本心。

与朱熹为代表的理学派相反,反理学思潮以王夫之、戴震为代表,他们对理欲之辩提出了批评,他们肯定人欲的合理性,并把天理和人欲相统一。

王夫之通过反对理学派"存天理,灭人欲"的观点,探讨了道德规范与人的需要的同一性和差异性,对中国近代社会需要思想的形成产生了深刻影响。

首先,王夫之主张人的需要的合理性,强调道德规范和物质需要的统一。他认为,虽然"仁义"等道德规范是"理"的内涵,但它们不能离开人的物质需要而独立存在。物质需要是人的本性,而伦理道德则是调整人们的物质需要的一种准则,所以,"礼虽统为天理之节文,而必寓于人欲以见。"[1] 其次,他强调"以理导欲"思想,即只有充分发挥礼义等道德规范对欲望的约束作用,社会才能安定有序。他把人的欲望分为两种,一种是自然欲望——声色;另一种是利己的欲望——货利、事功。由于前者是人的正当欲望,应当鼓励人们去追求。[2] 而后者是不正当的欲望。因此,王夫之主张"遏欲存理"。[3] 也就是说,只有充分发挥道德规范的作用,才能制约住人的不正当欲望,使社会"秩以其分"。

戴震对需要问题的论述同样十分深入,他肯定人具有天生的自然需要,并以此为依据,提出了"理者存乎欲"的理欲统一观,对宋明理学的理欲对立论进行了批判。

首先,欲望不仅是人的基本生理需要,而且是人类社会存在和发展的基础。一方面,欲望是人的自然本能,"生养之道,存乎欲者也",[4] 它不以任何人的意志为转移,因此,每个人都有追求欲望的权利。另一方面,由于欲望支配着人的实践能力,所以,欲望是社会发展的动力因素,"凡事为皆有于欲,无欲则无为矣"。[5] 其次,戴震认为,"理"在"欲"的基础上达到"理欲"的统一。他指出,程朱理学以"理"来限制人的正当需要,"存理灭欲"成为人的需要实现的障碍,"此理欲之辨,适成忍而残杀之具"。[6] 这

---

[1] 《读四书大全说》卷八。
[2] 朱贻庭:《中国传统伦理思想史》,华东师范大学出版社2003年版,第473页。
[3] 朱贻庭:《中国传统伦理思想史》,华东师范大学出版社2003年版,第474页。
[4] 戴震:《戴震全书:卷六》,黄山书社1995年版,第31页。
[5] 《疏证》卷下。
[6] 戴震:《戴震集·孟子字义疏证》,上海古籍出版社1980年版,第328页。

样，戴震认为"欲"才是决定"理"存在和发展的基础，"理者存乎欲者也"。① 可见，道德的价值在于满足人的自然欲望，离开了人的需要和欲望，就没有道德可言。最后，欲望无限度是人的本性，因此，应当适当节制人的欲望。"天理者，节其欲而不穷人欲也"，② 也就是说，对于人的过多欲望，应当采取积极的态度进行节制，使"欲"符合理性的审视，从而达到"理欲"的统一。

总之，中国古代社会的需要思想体现了人们对需要的认识和追求，这些思想对中国近代社会需要思想的形成产生了深刻影响。但是，由于受到当时时代的局限性，人们没有从需要和劳动的关系来看待问题，所以，不能真正揭示出需要的本质。

二、中国近代社会的需要思想

1840年，鸦片战争揭开了中国近代史的序幕，中国逐步沦落为半殖民地半封建社会。与此时代背景相适应，国内一些思想家把西方的需要学说吸收过来，并与中国的传统文化相结合，从而形成了近代中国社会的需要思想。

早期以魏源等人为代表的地主阶级改革派，猛烈抨击宋儒的封建禁欲主义，主张人的"趋乐避苦"本性，在需要问题的探讨上开辟了新的研究领域。魏源是中国近代社会"开风气"的人物，他主张"经世致用"之学，通过满足人的物质需要来促进社会的发展。他的需要思想主要包括以下几个方面：

其一，对传统宋明理学需要思想的批判。近代伊始，魏源重提"经世致用"之学，在继承顾、黄、王等人的思想基础上，强调自我的造就，来鼓舞人们奋发有为，这样的自我论，较前人的思想有所发展，具有近代意义。③ 他反对宋明理学空谈无价值的道德说教，宋明理学家鼓吹"存天理、灭人欲"，使物质需要和精神需要相对立。他们还认为只讲道德规范的"精神需要"才是"王道"，如果只关注物质需要，就是"霸道"了。鉴于这种非科学的道德说教，魏源指出："自古有王道之富强，无不富强之王道。"④ 也就

---

① 戴震：《戴震集·孟子字义疏证》，上海古籍出版社1980年版，第273页。
② 戴震：《戴震集·孟子字义疏证》，上海古籍出版社1980年版，第265页。
③ 徐顺教、季甄馥：《中国近代伦理思想研究》，华东师范大学出版社1993年版，第34—35页。
④ 《默觚上·治篇一》。

是说，只有重视人民的物质需要，实现国富民强，才能称得上"王道"。

其二，物质需要是精神需要的基础。魏源认为，要实现富国强兵，必须要进行社会改革，改变过去腐朽的道德风气。为此，他从精神需要和物质需要的关系入手，提出"以实事程实功"的物质需要优先的原则。魏源指出，物质需要是道德等精神需要产生的基础，"谓道之资？曰'食货'。"① 因为每个人都有追求物质需要的愿望，这是人的本性。社会的发展进步就在于"便民、利民"，即是否满足了人民的物质需要。

其三，在需要的评价上，判断某行为是否合理的标准在于是否能满足人的物质需要和精神需要。魏源强调，一方面，一种行为是否具备合理性，首先要看它是否能满足人的物质需要，"为其事而无其一功者，未之有也"；②另一方面，由于人的精神需要对物质需要有指引作用，因此，只满足人的物质需要，忽视人的精神需要是不道德的，"有所利而名仁者，非仁也"。③ 可见，对事物进行评价不仅要看是否满足人的物质需要，而且要做到满足人的精神需要，唯有如此，这种事物才是合理的和科学的。

19世纪末以来，康有为、谭嗣同、严复等思想家痛斥宋儒的"存天理、灭人欲"的观点，鼓吹"人的需要"的人道主义思想。

康有为在魏源需要思想的基础上，对宋儒的"存天理、灭人欲"思想进行了批判，进而构建了"情欲合理"需要思想。首先，"情欲"不仅是人的自然本性，而且是人的本质属性。一方面，"人生而有欲，天之性哉"。④ 这说明，人的欲望是人的固有天性，它们不以任何人的意志为转移；另一方面，康有为认为，人的"情欲"由人的本性决定，因为人一出生，就具有"爱恶二质"。⑤ 也就是说，人一出生便具有善恶的本性。这样，康有为将"情欲"视为人的本性，使人们追求各种需要就有了坚实的理论基础。其次，人的需要具有不断变化的特点。由于受进化论思想的影响，他认为，情欲具有进化的功能，具有不断变化的动态性特征。正如他认为的："人之欲无穷，而治之进化无尽，虽使黄金铺地，极乐为国，终有愁怨，未尽善美。"⑥ 也就是说，由于人的欲望具有无限度的特性，因此，用满地的黄金也

---

① 《默觚上·学篇九》。
② 《默觚上·治篇一》。
③ 《治篇·十六》。
④ 康有为：《康有为大同书手稿》，江苏古籍出版社1985年版，第41页。
⑤ 康有为：《实理公法全书：康有为全集（1）》，上海古籍出版社1987年版，第275页。
⑥ 康有为：《请励工艺奖创新折：康有为政论集（上册）》，中华书局1981年版，第92页。

不能完全满足人的物质需要,在极乐的天国也同样不能完全满足人的精神需要。最后,在需要的评价上,康有为认为,人的需要是否得到满足是评价社会是否"人道"的标准。在中国历史上,康有为是首位对需要的评价进行系统阐述的思想家,他认为人的本质是"趋乐避苦",而判断社会是否人道的标准在于人的各种需要是否得到满足。如果一种社会制度能够满足人的合理需要,这种社会就是人道主义社会;如果不能满足人的合理欲望,则"其道不善"。① 可见,康有为肯定人有追求正当需要的权利,这在中国历史上是一个很大的突破与进步。

谭嗣同的需要思想不仅继承了传统功利主义的观点,而且吸收了康有为"情欲合理"的需要思想。从"人欲皆善"的自然人性论出发,提出了每个人都有追求物质需要的主张。

首先,谭嗣同从人性善的角度出发,肯定了人欲的合理性。谭嗣同认为,人性是人与人和善的天性,此天性来自于宇宙本源的"以太",由于以太有相成相爱的能力,所以"曰性善也"。② 谭嗣同进一步从"人性善、情亦善"的思想出发,肯定人欲的合理性。由于作为"天理的性"是善的,所以作为"人欲的情"也是善的。正是人欲之善体现了人欲的合理性,所以,人们只要合乎情理地追求各种需要,就是善,这充分体现了谭嗣同的"理欲统一论"思想。其次,在道德规范与物质需要的关系上,谭嗣同认为人的物质需要是统治阶级道德规范产生的前提。与宋儒"理在欲先"的需要观相反,谭嗣同认为统治阶级所推崇的"礼义"等伦理规范都以物质条件为前提,也就是说,只有满足了人们的物质需要,才有助于实行"仁义"等精神需要,"言王道则必以耕桑树育为先"。③ 可见,谭嗣同的需求思想试图矫正传统哲学重义轻利的思想,而把人们的眼光引向注重人的物质需要的视野中。再次,在"欲在理先"观点的基础上,谭嗣同对理学家的需求观进行了批判。他认为,理学家"天理为善、人欲为恶"的道德观念只是为了满足人的精神需要,而忽视了人的物质需要,由于物质需要是精神需要的基础,"不知无人欲,尚安得有天理"。④ 所以,理学家的需求观限制了人们对正当需要的追求,违背了社会历史发展的趋向。为此,他进一步倡导陈亮等人主张的积极有为的功利主义需求观,认为只谈道德性命没有太大意义,只有"崇功

---

① 康有为:《大同书》,上海古籍出版社1956年版,第293页。
② 《仁学》。
③ 谭嗣同:《谭嗣同全集》,中华书局1981年版,第616页。
④ 《仁学·九》。

利为天下倡"，① 才能不断满足人的物质需要，进一步促进社会的不断发展。

严复从进化的角度出发，认为社会发展的动力在于对物质需要的追求，传统"重义轻利"的观点忽视了人的物质需要，不利于社会的全面发展。

首先，物质需要是精神需要的基础。严复认为，近代中国之所以道德败坏，是因为统治者严重抑制人们追求物质需要的权利。只有人们的生活水平提高了，才能进一步追求精神需要。所以，"礼生于有，而废于无"。② 其次，要使人的物质需要得到满足，人的行为应当符合"义"的秩序。严复指出，追求快乐等感性的需要是人的本性，但是，要实现这些需要，必须使其符合"义"的秩序。否则，不顾"道义"去贸然行动，不但不能得到应有的物质需要，而且会引起祸害，"非谊不利，非道无功之理"。③ 最后，严复主张个人需要与社会需要的统一。严复认为，利己主义是人的天性，追求个人的需要也是人之常情，它能推动社会的不断发展。但是，个人在实现自身需要的时候，要兼顾他人和社会的需要，为此，严复强调："未有不自损而能损人者，亦未有徒益人而无益于己者。"④

总之，19 世纪末，诸位思想家提倡功利主义需要观，对轻视"人欲"的传统需求观进行了批判，认为追求合理的物质需要可以富国利民，这对于发展生产、繁荣近代思想文化无疑有十分重要的的现实价值。

20 世纪初，随着中国民族资本主义的发展，资产阶级革命派逐渐登上了政治的舞台。以孙中山为代表的思想家把中国传统哲学需要思想同资产阶级需要思想相结合，从而形成了他的需要思想。

首先，人的物质需要是社会发展的动力。孙中山认为："民生就是人民的生活，社会的生存。"⑤ 可见，民生的主要含义是指人的物质需要。孙中山认为，在现实生活中，每个人都有追求物质需要的天性，正是在这种需要的激励下，人们才会去努力改造客观事物，最终推动社会的发展。因此，"民生就是社会一切活动中的原动力"。⑥ 其次，物质需要是精神需要的基础和前提。孙中山指出，满足人的物质需要会推动精神需要的发展变化。因为要满

---

① 谭嗣同：《谭嗣同全集》，中华书局 1981 年版，第 529 页。
② 《原富》按语。
③ 严复：《严复集》，中华书局 1986 年版，第 859 页。
④ 《原富》按语。
⑤ 孙中山：《孙中山选集》，人民出版社 1981 年版，第 765 页。
⑥ 孙中山：《孙中山选集》，人民出版社 1981 年版，第 797 页。

足人的物质需要，必须要大力发展社会生产力，而生产力的发展会进一步促进社会道德的进步。所以，发展物质文明可以使人类生活安逸，并有助于人类精神文明的发达，"实际则物质文明与心性文明相待，而后能进步"。① 相反，若不能满足人的物质需要，不但经济不能发展，而且道德沦丧的现象就会出现。最后，集体主义原则是实现个人需要的前提和基础。孙中山认为，只关注个人需要，而忽视社会和集体的需要，会导致人与社会之间的冲突，不利于社会的整体发展。为此，他主张集体的需要高于个人的需要，在集体需要优先的前提下，肯定个人需要的正当性。人民对于国家应该尽一定的义务，只有这样，"大家自然可以得衣食住行的四种需要"。② 可见，每个人只有在满足了集体的需要、承担了集体的义务之后，才能满足自身的各种需要。

总之，中国近代的思想家们对需要问题的论述，是在扬弃中国古代社会需要思想的基础上形成的，尽管中国近代社会的需要思想呈现出零散和不成系统的特征，但是，这个时期的需要思想是中国古代需要思想的发展和深化，并为中国现代社会需要思想的形成奠定了理论基础。

三、中国现代社会的需要思想

辛亥革命以后，中国的哲学文化思潮流派发生了变化。陈独秀在1916年提出的"最后觉悟之觉悟"，反对传统，呼喊启蒙，"个性解放与政治批判携手同行，相互促进，揭开了中国现代史的新页"。③ 五四新文化运动时期，中国现代哲学史上逐渐形成了自由主义学派、以现代新儒家为主要代表的文化保守主义学派和马克思主义学派。三大学派之间的互动，影响和制约着中国现代哲学史的发展趋势，这成为中国现代哲学发展的主线。

中国现代社会的自由主义学派，最早产生于戊戌变法时期。梁启超的"新民说"、严复的"进化论思想"等，是自由主义的先声。然而，只有到"五四运动"时期，自由主义学派才真正成为一种在当时占主导地位的社会思潮。

胡适是当时倡导自由主义思想最有力的人，他通过引进西方的自由

---

① 孙中山：《孙中山选集》，人民出版社1981年版，第126页。
② 孙中山：《孙中山全集》（第9卷），中华书局1986年版，第411页。
③ 李泽厚：《中国现代思想史论》，三联书店2008年版，第1页。

第一章 需要理论的思想渊源

观,积极宣扬个人需要,对中国封建社会过时的需要思想进行改造,最终构建了自己的需要思想。胡适需要思想的核心是建立"健全的个人主义",通过承认个人的自由,来实现个体的需要和推动社会的文明进步。胡适认为,在中国封建宗法制度之下,只有家庭、社会的整体需要,没有个人的需要可言。这种需求观是片面和虚假的,也是造成近代中国落后的根源。所以,为了实现民族独立和国家的繁荣富强,应当彻底批判中国以血缘关系为本的家族伦理,改变过去那种"个人的需要依附于社会需要"的状况,从以社会需要为本转向个人需要为本,养成"独立之人格,自助之能力"。① 为了坚持和实现"个人需要为本"的个人主义原则,胡适强调个人需要的独立性,他认为,社会由无数个个体组成,个人的能力和需要直接决定了国家的前途和命运,"争你们个人的自由,便是为国家争自由!"② 因此,为了实现社会的长远发展,必须要把个人从封建虚假需求观的束缚中解放出来,使个体需要得到最大程度的实现。

可见,在中国现代社会,以胡适为代表的自由主义学派的需要理论,是对"五四"以来需要理论的系统总结,如果说中国古代注重社会和国家的需要的话,那么胡适的自由主义则体现了对个体需要的关注。胡适对宋儒家庭和社会需求观的批判,确立了以"个体需要"为本的原则,对于摧毁传统的封建道德、发扬人的个性具有重要的启蒙作用。

梁漱溟作为现代新儒家的主要代表和开启者,他在寻求中国现代化道路的同时,对西方国家现代化进程进行了深刻的反思,他力图从价值理性的角度来批判西方现代化进程中工具理性的过分膨胀,以此来解决道德沦丧、人生意义迷失等问题。他认为中国的现代化不只是满足人的物质需要,更主要的是实现人的精神需要。为此,他积极倡导孔子的需要理论,张扬孔子注重人的"精神需要"的道德境界,从而使"儒家"的本真精神得到彰显。梁漱溟指出,西方的现代化带来了物质文明的发展,但是,也暴露了西方文化的缺陷,即只注重人外在的物质需要,却忽视了人内在的精神需要,这引起人们对"私欲"的过度追求,最终贬损了人生的价值和意义。所以,西方人在"精神上也因此受了伤,生活上吃了苦,这是 19 世纪以来暴露不可掩的事实"!③ 与西方人的生活态度不同,以"仁"为核心的儒家需要思想,强调

---

① 胡适:《胡适日记全编》(第1卷),安徽教育出版社2001年版,第292—293页。
② 胡适:《胡适文集(第5卷)》,北京大学出版社1998年版,第511—512页。
③ 梁漱溟:《梁漱溟全集(第1卷)》,山东人民出版社1989年版,第391页。

"天人合一",特别关注人的"精神需要"。因此,中国人"与自然融洽游乐的态度,有一点就享受一点,而西洋人风驰电掣的向前追求,以致精神沦丧苦闷"。① 对于如何实现人的精神需要,达到一种理想的境界。梁漱溟认为,只有加强制度建设,才能实现这种理想。他指出,孔子的"需要思想"是通过"礼"来引导人的物质需要,其目的是实现以"仁"为核心的精神需要。为达到这种基于"仁"的精神生活境界,只有充分发挥以"礼"为核心的道德规范的约束作用才能实现。"礼"作为一种外在的道德规范,其作用在于使"仁"的精神需要落实到现实的生活中。因此,梁漱溟认为,要满足人的精神需要,应当借助"礼乐"制度(儒术)才能实现,"盖礼乐不兴,中庸道绝……故士诚有经世之志,则为真儒兴儒术而已矣"。② 毫无疑问,梁漱溟这种使"伦理精神"与"制度"相结合的思维方式为我们寻求需要的实现指明了方向和道路。

李大钊作为中国现代最早宣传马克思主义理论的思想家,他的需要思想不仅对当时中国的学术界产生了深远的影响,而且鼓舞了众多中国人为实现民族解放、国家富强而不懈奋斗。李大钊认为,中国现代化的发展,需要东西方两种文明的共同参与。东西文明,是世界进步的两个大机轴,"正如车之两轮、鸟之两翼,缺一不可"。③ 为了兼容结合东西方文明,继承和发扬两种文明的精髓。李大钊提出了物质需要和精神需要相一致的"第三文明"思想。他指出,第一文明偏重于心灵;而第二文明则偏重于物质;而我们应当欢迎"第三"文明,"'第三'之文明,乃灵肉一致之文明,理想之文明,向上之文明也"。④ 可见,由于东西方两种文明各自的缺陷,单方面依靠东方文明或西方文明都不能解决当时中国的社会问题。因此,李大钊认为,中国要走向现代化,必须以马克思主义思想为指导,超越东西方两种文化,走"第三文明"的发展道路,进入到社会主义社会。

总之,在中国现代社会,我国的需要思想经历了从自由主义者关注人的个体需要,到以现代新儒家为代表的保守主义学派注重人的"精神需要",再到马克思主义学派提出综合中西方需要的观点的一个过程。这一逻辑进程,凸显了中国社会需要思想不断发展变化的主线,而其最终旨归是马克思主义,这是整个中国社会历史发展的必然结果。

---

① 梁漱溟:《梁漱溟全集(第1卷)》,山东人民出版社1989年版,第478页。
② 梁漱溟:《梁漱溟全集(第4卷)》,山东人民出版社1991年版,第499页。
③ 《李大钊全集》(第2卷),人民出版社2006年版,第214页。
④ 《李大钊全集》(第1卷),人民出版社2006年版,第173页。

第二节　中国当代社会的需要思想

中国共产党成立一百多年来，始终关注人民群众的迫切需要，并得到了广大人民群众的支持和拥护，赢得了社会各界的支持和拥戴，走上了领导中国人民建设现代化国家的大舞台，至今依然充满勃勃生机。

无论是以毛泽东同志为核心的党的第一代领导集体，还是改革开放以来以邓小平、江泽民、胡锦涛、习近平为代表的中央领导集体，都以满足广大人民群众日益增长的物质文化需要为着力点，充分体现了党的中央领导集体对人民群众切身利益的尊重与关切。

一、毛泽东的需要思想

毛泽东的需要思想以马克思主义唯物史观为理论基础，在批判和继承中国历史上需要思想的基础上，形成了其独具特色的需要理论。其基本内容涵括以下几个方面：

第一，把人民群众的需要放在首位。毛泽东认为，坚持把人民群众的需要放在首位，关键是构筑实现人民群众的不同需要的可行性路径。也就是说，"解决群众的穿衣问题，吃饭问题，住房问题，柴米油盐问题，疾病卫生问题，婚姻问题。总之，一切群众的实际生活问题，都是我们应当注意的问题。"① 只有解决了群众的这些基本需要，才能做到全心全意为人民服务。所以，"全心全意为人民服务，一刻也不脱离群众；一切从人民的利益出发，而不是从个人或小集团的利益出发；向人民负责和向党的领导机关负责的一致性；这些就是我们的出发点。"②

第二，坚持个体需要和集体需要相统一。在此，毛泽东在两个层面加以分析：一方面他主张集体需要优先于个体需要，个体需要应当服从于集体需要。也就是说，"一切从人民的利益出发，而不是从个人或小集团的利益出发"。③ 因而，"共产党员无论何时何地都不应以个人利益放在第一位，而应以个人利益服从于民族的和人民群众的利益"。④ 另一方面，尽管集体需要比

---

① 《毛泽东选集》（第1卷），人民出版社1991年版，第136页。
② 《毛泽东选集》（第3卷），人民出版社1991年版，第1094页。
③ 同上。
④ 《毛泽东选集》（第2卷），人民出版社1991年版，第522页。

个体需要更为根本,但是,同样不能忽视个体需要。个性作为个体需要的内在秉性,不仅是社会主义的应有之义,而且是促进社会发展的前提。"被束缚的个性如不得解放,就没有民主主义,也没有社会主义。"① 所以,社会应当保障"广大人民能够自由发展其在共同生活中的个性,……保障一切正当的私有财产",② 以便实现人民群众最基本的需要。

第三,生产是满足人的需要的根本途径。毛泽东继承和发展了马克思恩格斯的需要理论,强调生产对需要的决定作用。他从关注人民群众的不同需要出发,强调通过大力发展生产来解决人民群众的现实需要问题。他指出:"农业生产是我们经济建设工作的第一位,它不但需要解决最重要的粮食问题,而且需要解决衣服、砂糖、纸张等项日常用品的原料即棉、麻、蔗、竹等的供给问题。"③ 相反,若不注重发展生产,不仅不利于满足人民群众的需要,而且不利于维持政权稳定。他指出,如果不能很快地学会生产工作,"不能使生产事业尽可能迅速地恢复和发展,获得确实的成绩,首先使工人生活有所改善,并使一般人民的生活有所改善,那我们就不能维持政权"。④

二、邓小平的需要思想

在毛泽东需要思想的基础上,邓小平结合中国改革开放以来的社会主义建设的实践,对需要问题进行了较为系统的阐发。他提出重视人民群众的多样化需要、大力发展生产力来满足人民群众的物质文化需要、以"三个有利于"为标准判断某种需要是否合理等一系列重要的需要思想。

第一,重视人民群众的多样化需要。首先,邓小平十分注重人的物质需要。他指出,贫穷不是社会主义,社会主义应该鼓励人民富裕起来。在现实生活中,"不重视物质利益,对少数先进分子可以,对广大群众不行,……革命是在物质利益的基础上产生的,如果只讲牺牲精神,不讲物质利益,那就是唯心论";⑤ 其次,邓小平在强调满足广大人民群众物质需要的同时,也十分注重人民群众的精神需要。他指出,我们在建设高度物质文明的同时,要"提高全民族的科学文化水平,发展高尚的丰富多彩的文化生活,建

---

① 《毛泽东选集》(第3卷),人民出版社1996年版,第208页。
② 《毛泽东选集》(第3卷),人民出版社1991年版,第1058页。
③ 《毛泽东选集》(第1卷),人民出版社1991年版,第131页。
④ 《毛泽东选集》(第4卷),人民出版社1991年版,第1428页。
⑤ 《邓小平文选》(第2卷),人民出版社1994年版,第146页。

设高度的社会主义精神文明"。①

第二,大力发展生产力是满足人民群众的物质文化需要的根本途径。在旧社会,由于生产力水平比较低,人们生活比较贫穷,他们的物质文化需要大多得不到满足。而在社会主义社会,要通过迅速发展生产力来不断满足人民群众日益增长的物质文化需要。社会主义制度优越性的根本体现,就在于"能够允许社会生产力以旧社会所没有的速度迅速发展,使人民不断增长的物质文化生活需要能够逐步得到满足"。②

第三,"三个有利于"标准是判断某种需要是否合理的根本标准。众所周知,人的需要有很多种,不仅有物质需要,而且有精神需要和发展需要等。而要科学判断某种需要是否合理,主要看"是否有利于发展社会主义社会的生产力,是否有利于增强社会主义国家的综合国力,是否有利于提高人民的生活水平"。③ 首先,需要作为生产力的主体要素,合理的需要会对生产力的发展起到一定的促进作用,而不合理的需要则不利于生产力的发展。因此,判断人的某种需要是否合理,首先应该看这种需要是否有利于发展社会的生产力。其次,一般而言的综合国力,包括一个国家的经济实力、科技实力、文化实力等,由于人的需要有多样化的特征,因而一定程度上满足人的合理需要的过程,也就是增强国家的综合国力的过程。最后,提高人民的基本生活水平是需要理论的目的和旨归,换言之,需要理论之目的是实现和满足人的合理需要,而在满足人的合理需要的同时,亦有利于人民群众生活水平的提高。

三、江泽民的需要思想

在全面推进小康社会建设时期,江泽民结合新的社会主义实践,以"三个代表"重要思想作为判断一行为是否满足人的需要为标准,把关注人民群众的不同需要、促进人的全面发展作为满足人的需要的最终目标,进一步丰富了需要理论的研究内涵。

第一,高度关注人民群众的不同需要。江泽民认为:"人民群众是我们

---

① 《邓小平文选》(第2卷),人民出版社1994年版,第208页。
② 《邓小平文选》(第2卷),人民出版社1994年版,第128页。
③ 《邓小平文选》(第3卷),人民出版社1993年版,第372页。

国家的主人,我们是人民的公仆,有责任为他们解除后顾之忧。"① 简言之,切实关注广大人民群众的不同需要是中国共产党义不容辞的责任。一方面,不断满足人民群众的物质需要。在促进生产力发展的基础上,努力增加人民群众的收入,"不断改善人们的吃、穿、住、行、用的条件,完善社会保障体系,改进医疗卫生条件,提高生活质量";② 另一方面,在满足人民群众物质需要的基础上,进一步满足人们日益增长的精神文化需要。江泽民指出:"繁荣社会主义文化,使人人都有受教育的机会和享受文化成果的充分权利,使人们的精神世界更加充实、文化生活更加丰富多彩。"③

第二,"三个代表"重要思想的践行,是判断能否满足人民群众的需要的根本标准。在"三个代表"重要思想中,代表中国先进生产力的发展要求是满足人们需要的根本条件,因为只有生产力发展了,人的物质文化需求才能得到满足。而代表中国先进文化的前进方向是提升人的需要的根本要求,对于人的需要来说,人不仅有低层次的自然性需要,而且有高层次的精神需要,而中国先进文化体现了人们对精神需要的追求和引导,它有利于人们克制物质欲望,提升道德境界。始终代表最广大人民的根本利益,是"三个代表"重要思想的出发点和归宿,也是检验中国共产党人一切行动是否能够满足人民群众需要的最终评价标准。

第三,促进人的全面发展是满足人之需要的最终目标。江泽民指出,建设有中国特色社会主义的伟大事业,"既要着眼于人民现实的物质文化生活需要,同时又要着眼于促进人民素质的提高,也就是要努力促进人的全面发展"。④ 人民群众越是得到全面发展,就越能激发他们的创造热情,并能够不断创造更多的物质、文化财富,以此来满足自身的不同需要,并在满足人民群众的各种需要的过程中,又会进一步促进人的全面发展。据此可知,不仅人的需要的实现是一个不断提升的历史过程,而且人的全面自由发展程度亦是一个不断提高的历史过程。因而,人的需要和人的全面发展在伴随历史进步的契合点上是一个相互促进、共同跃升的历史进程。

---

① 《江泽民文选》(第1卷),人民出版社2006年版,第14页。
② 《江泽民文选》(第3卷),人民出版社2006年版,第294页。
③ 《江泽民文选》(第3卷),人民出版社2006年版,第295页。
④ 《江泽民文选》(第3卷),人民出版社2006年版,第294页。

四、胡锦涛的需要思想

胡锦涛在承继和综合毛泽东、邓小平、江泽民的需要思想之基础上，结合新时期社会发展的时代际遇，提出了科学发展观是实现人的需要的根本方法的理论。

第一，全面发展是满足人的需要的保证。我国处于社会主义初级阶段，人民日益增长的物质文化需要同落后的社会生产之间的矛盾仍然是我国社会的主要矛盾。所以，必须坚持以经济建设为中心，全面发展社会生产力，为实现人的各种需要打好基础。

第二，协调发展主要关涉人的物质、政治和文化需要。科学发展观强调"社会主义物质文明、政治文明、精神文明协调发展"。① 这揭示了人的物质需要、政治需要和文化需要是有机的统一体，他们共同统一于中国特色社会主义建设的实践中。在现实生活中，只有满足人民群众的物质需要、政治需要和文化需要，才能为社会建设提供物质基础、政治保障和精神支撑，最终促进社会的可持续发展。

第三，科学发展统筹兼顾个体、集体、国家的需要。科学发展观强调"五个统筹"，即统筹城乡发展、区域发展、经济社会发展、人与自然和谐发展、国内发展和对外开放的要求，使诸要素密切配合，协调发展、协同推进。然而，要从根本上处理好这些关系，必须要兼顾国家、集体、个人的不同需要。一方面，个体需要要服从于集体和国家的需要；另一方面，从实现好、维护好、发展好广大人民群众的多样化需要出发，制定实施科学的政策措施，达到化解矛盾、促进和谐、推进发展的目的。

五、习近平的需要思想

中国特色社会主义进入新时代，人民群众的需要日益广泛。习近平总书记的需要思想在核心内容上继承和发展了中国共产党历代领导集体的需要思想，在"五位一体"总体布局下，更好地满足人民群众在经济、政治、文化、社会、生态等方面日益增长的需要，更好推动人的全面发展、社会全面进步。

---

① 胡锦涛：《在中央人口资源环境工作座谈会上的讲话》，人民出版社2004年版，第3页。

第一，满足人民群众的物质需要。习近平总书记指出："人民对美好生活的向往，就是我们的奋斗目标。"① 物质生活需要从来都是人的第一层次需要，是其他多种需要得以实现的前提条件。中国特色社会主义要有强大的物质力量做支撑，满足人民的物质需求是社会的前进动力，是推动实现改革发展的根本途径。党的十八大以来，中国共产党坚持以人民为中心，不断满足人民的衣、食、住、行等物质需要，国内生产总值稳居世界第二，对世界经济增长的贡献率超过30%，不仅促进了经济的持续快速发展，也带动了世界各国经济的增长。

第二，满足人民群众的政治需要。政治需要是社会主义民主政治的内在要求，随着人民群众的物质需要的不断满足，人们开始关注政治上的诉求和需要。中国特色社会主义民主的实质和核心是人民当家作主。习近平强调："保证和支持人民当家作主不是一句口号、不是一句空话，必须落实到国家政治生活和社会生活之中。"② 新时代中国特色社会主义坚持人民代表大会制度，保证人民当家作主，保证国家权力掌握在人民手中，始终为人民服务。实践证明，新时代中国特色社会主义民主政治制度发挥了显著的政治优势，是满足人民群众不断增长的政治需要的有力保障。

第三，满足人民群众的文化需要。一般而言，文化需要是人的精神需要的一部分，它随着社会的经济、政治的变化而变化。关注人民群众的需要，不仅要满足他们的物质需要、政治需要，而且要不断满足他们的精神文化需求。习近平同志指出："文明特别是思想文化是一个国家、一个民族的灵魂。"③ 新时代中国特色社会主义坚持推进社会主义先进文化的发展，把发展社会主义先进文化和建设社会主义精神文明有机结合，提升国家和社会的文明程度。习近平要求全党要大力培育和践行社会主义核心价值观，用共同理想信念凝聚民族意志，用中国精神激发中国力量，动员全体中华儿女共同创造中华民族新的伟业，以此推动全民族思想道德素质的全面提高，不断满足人民日益增长的文化需求，使人民精神风貌更加昂扬向上。

第四，满足人民群众的社会需要。社会需要是人的多样化需要的又一重要内容。人类社会发展的最终目标是实现人与人之间、人与社会之间的和谐

---

① 习近平：《习近平谈治国理政》，外文出版社2014年版，第4页。
② 习近平：《在中央党校建校80周年庆祝大会上的讲话》，人民日报，2013年3月3日。
③ 习近平：《纪念孔子诞辰2565周年国际学术研讨会暨国际儒学联合会第五届会员大会开幕会上的讲话》，人民出版社2014年版，第9页。

统一。习近平同志指出："要把促进社会公平正义、增进人民福祉作为一面镜子……对由于制度安排不健全造成的有违公平正义的问题要抓紧解决，使我们的制度安排更好体现社会主义公平正义原则，更加有利于实现好、维护好、发展好最广大人民根本利益。"[①] 坚持和发展中国特色社会主义，必须以公平正义为导向，让发展成果更多更公平地惠及全体人民，促进社会成员和谐相处，最终实现每个人的自由全面发展。

第五，满足人民群众的生态需要。进入新时代，我国社会的主要矛盾转化为人民日益增长的美好生活需要和不平衡不充分的发展之间的矛盾，人民群众对优美生态环境的需要越来越迫切。人与自然是相互依存、相互联系的生命共同体，人类应自觉承担起保护自然环境的责任，使人类的生活方式符合自然规律，促进人与自然的和谐共赢，满足人民群众的生态需要。习近平同志指出："既要创造更多物质财富和精神财富以满足人民日益增长的美好生活需要，也要提供更多优质生态产品以满足人民日益增长的优美生态环境需要。"[②] 从而实现自然价值和人的价值的有机统一，推动形成人与自然和谐发展的现代化建设新格局。

综上，以毛泽东、邓小平、江泽民、胡锦涛、习近平为代表的中国共产党人在汲取古今中外需要思想的基础上，立足于中国的基本国情，逐步形成了丰富的需要思想。这对于新时代加强需要理论的研究、实现中华民族伟大复兴的中国梦有重要的理论价值和现实意义。

第三节　西方哲学史上的需要思想

在西方哲学发展史上，对"需要问题"的研究一直是众多哲学家所追问和思考的重要问题，在不同的历史时期，哲学家对需要问题进行研究的侧重点也有所不同。大致可以把西方哲学史上的需要思想划分为三个阶段：第一个阶段是古希腊时期的需要思想，第二个阶段是西方近代社会的需要思想，第三个阶段是西方现代社会的需要思想。下面我们结合不同历史阶段的思想家对需要思想的论述进行简要的说明。

---

① 习近平：《习近平谈治国理政》，外文出版社2014年版，第97页。
② 习近平：《决胜全面建成小康社会　夺取新时代中国特色社会主义伟大胜利——在中国共产党第十九次全国人民代表大会上的报告》，人民出版社2017年版，第50页。

一、古希腊的需要思想

古希腊时期是西方哲学史上的重要时期，此时期对需要思想的探讨是人学发展史的开端，表现了古希腊人探索人的需要的可贵尝试。

德谟克利特是古希腊最早研究需要问题的哲学家，他对人的需要作了系统的阐述，形成了自己独有的需要思想。他认为，人不仅有物质的需要，而且有精神的需要。物质需要是人生必不可少的，如果"没有宴饮，就像一条长路没有旅店一样"①，这样的人生毫无意义。但是，与物质需要相比，精神需要更显得重要。因为人生的目的在于"灵魂的愉快"，而不是仅仅沉溺在物质需要的满足上。既然人生的目的在于对精神需要的追求，那么，怎样才能实现人的精神需要呢？德谟克利特指出，要达到这个目的，应当"节制"人的物质需要。由于人的物质需要只是一种外在的、肉体上的满足，这只是一种短暂的享受，只有做到"有节制和生活的宁静淡泊，才得到愉快"②。也就是说，只有对物质需要的节制，加强对精神需要的追求，才能让人获得持久的快乐。

柏拉图的需要思想是通过阐述"正义"这个问题来展开的。对于什么是正义，柏拉图认为："正义平时在满足什么需要，获得什么好处上是有用的。"③也就是说，在柏拉图看来，要实现人的各种需要，必须要先做到正义。为了进一步说明正义，柏拉图特意建构了一个理想国，在理想国里，社会提供一种满足人的各种需要的"正义"制度。这个正义制度通过分工合作，保证理想国的三种人——哲学王、军人和劳动者各安其位，而不干预其他人的事，以此来满足社会和人的需要的满足，这就是真正的国家正义。对个人来说，人的灵魂中有三部分组成：理性、激情和欲望。柏拉图认为，"理性"相当于理想国的统治者，它在人的灵魂中担负着领导作用；"激情"类似理想国中辅助统治者的大臣，具有辅助作用；而"欲望"相当于劳动者的"物质需要"，具有强烈的感性欲望。这三部分各司其职、和谐相处，才能达到灵魂的正义。然而，由于劳动者天生有追求"物质需要"的倾向，他们的一切看法都建立在"经验"的基础上，而不是建立在对"至善"的精神

---

① 北京大学哲学系外国哲学史教研室：《古希腊罗马哲学》，三联书店1957年版，第118页。
② 北京大学哲学系外国哲学史教研室：《古希腊罗马哲学》，三联书店1957年版，第115页。
③ 柏拉图：《理想国》，郭斌和、张竹明译，商务印书馆2002年版，第9页。

需要上。这样的后果会使灵魂的三部分不和谐，最终引起个人灵魂的"不正义"。为此，为实现个人的正义，应当由理性统治灵魂并借助激情的力量来"节制"人的"物质需要"。通过这种节制，就会使劳动者意识到精神需要的巨大力量，"不让这里因财富的过多或不足而引起任何的纷乱"。① 可见，人只有关注"精神需要"这一绝对价值，才能使个人灵魂具备分辨世界本真的能力，才能摆脱各种"不正义"的束缚，真正实现正义。

伊壁鸠鲁作为古希腊时期著名的哲学家，他的需要思想同样影响深远。他指出，"欲望"是人的本性，"快乐"是人生的最终目标。要获得人生的快乐，应当满足人的"正当欲望"，克服人的"无限制的欲望"，最终达到全身心的快乐。伊壁鸠鲁从"趋乐避苦"的感性论出发，认为人人都有追求快乐的欲望，快乐和痛苦相对立而存在，当我们感到痛苦时，快乐才对我们有益处。当我们不再痛苦时，我们也就"不再需要快乐了"②。他进一步指出，人们所向往的快乐包括身心的快乐，即"身体的无痛苦和灵魂的无烦恼"③。人们在追求身心快乐的时候，总会受到"欲望"的影响。而"欲望"包括两种，一种是"必要的欲望"，这种欲望不仅有助于"摆脱痛苦"④，而且有助于"维系生活本身"⑤。也就是说，必要的欲望能够消除痛苦、达到快乐，它是人类生活中所不可缺少的。因此，这种"欲望"应当加以提倡。另一种是由于缺少节制而产生的"无限制的欲望"，由于这种欲望"无法解决灵魂的紊乱，也无法产生真正意义上的欢乐"⑥，所以，对于这种欲望，应当加强自身修养，把握好欲望的度，并通过实际行动来战胜和克服它，最终达到全身心的快乐的目的。

可见，古希腊哲学中的需要思想极为丰富，这些思想是古希腊人关注人的需要问题的可贵尝试。古希腊哲学家对需要问题的研究受时代和认知的限制，使他们的需要思想带有某些朴素、直观的性质。但是，古希腊的需要思想并没有因此而消逝，相反，它们为日后需要理论的研究提供了丰富的养

---

① ［古希腊］柏拉图：《理想国》，郭斌和、张竹明译，商务印书馆2002年版，第385页。
② ［古希腊］伊壁鸠鲁、卢克来修：《自然与快乐——伊壁鸠鲁的哲学》，中国社会科学出版社2004年版，第32页。
③ 同上。
④ ［古希腊］伊壁鸠鲁、卢克来修：《自然与快乐——伊壁鸠鲁的哲学》，中国社会科学出版社2004年版，第32页。
⑤ 同上。
⑥ ［古希腊］伊壁鸠鲁、卢克来修：《自然与快乐——伊壁鸠鲁的哲学》，中国社会科学出版社2004年版，第50页。

料,并奠定了坚实的基础。

二、西方近代社会的需要思想

西方近代社会的需要思想,主要是指从"文艺复兴"到黑格尔这段时期,哲学家们用不同的方式来建构符合社会发展要求的新观点、新看法。

霍布斯是西方近代社会最早对需要思想进行系统研究的思想家。他认为,在自然状态下,"人在身心两方面的能力都十分相等",①每个人都有平等的自由权利,在这种情况下,每个人都会按照个人意志来追求各种需要,以实现自我保全。但是,在现实中却事与愿违,由于人的自私性的存在,人人只知道按照自己的"需要"来实现自我保存,而不顾别人的需要,这使不同人之间陷入永无止境的需要冲突之中,结果造成"每一个人对每一个人的战争"。②因此,自然状态给人带来的是痛苦和忧伤,而不是快乐和幸福。为了使人们脱离这种可怕的自然状态,实现人的快乐和自我保全,霍布斯认为,应当按照社会的需要,用理性来制定一套合理的自然法则来规范人的个体需要,并提供一个力大无比的"利维坦"来进行监督。这种"自然法"是一种实用的法律,它引导人们履行契约、实现和平。为了让人容易理解,可以把这种"自然律"概括为一条简易规则,即"己所不欲,勿施于人"。

18世纪法国哲学家爱尔维修在前人研究的基础上,对需要问题的研究提出了新的见解。他的需要思想以"肉体感受性"为基础,以"利益和需要"为人们一切行动的推动力,进一步推演出个人需要是实现快乐的基础,而社会需要是评价需要合理性的标准。首先,肉体感受性是"人的一切需要、感情、社会性、观念、判断、意志、行动的原则"③。人通过这种感受性来判断人的快乐和幸福,并通过实际行动来实现人的不同需要。其次,追求需要是人的本性。他从伊壁鸠鲁的快乐主义需要观出发,认为人类一切行动的目的都是为了自身的利益。他所说的"利益",一方面指人们关于衣、食、住、行等物质需要,另一方面也包括人的精神需要。也就是说,只有实现了人的物质需要和精神需要,人才会感到快乐。然而,满足人的物质需要,只是一

---

① [英]霍布斯:《利维坦》,黎思复、黎廷弼译,商务印书馆1985年版,第92页。
② [英]霍布斯:《利维坦》,黎思复、黎廷弼译,商务印书馆1985年版,第94页。
③ 北京大学哲学系:《十八世纪法国哲学》,商务印书馆1979年版,第499页。

种短暂的快乐，唯有实现人的精神需要，才会感到那种更持久的快乐。因此，满足人的精神需要更具有现实的意义。最后，个人需要应和社会需要保持一致。实现个人的各种需要是无可非议的，但是，人生的最高目的和"道德的更高境界是维护公共利益"①。因此，要实现个人的真正快乐，应当在不违背社会需要的前提下，最大限度地满足社会的需要，在此基础上，才能更好地满足个人的需要。

到了19世纪，一些思想家对需要问题的研究更加系统，特别是黑格尔推演出自身的"需要体系"思想，这引起了日后学者的广泛关注和理性思考。

黑格尔认为，在市民社会中存在一些"具体的人"，这些人为满足自身的需要，会将他人看作实现自身需要的手段，这是市民社会的一个"特殊性"原则。由于需要的实现要通过"劳动"来达到，而人的"需要"越多，劳动产品反而会变得越来越贫乏。如此一来，要实现人的需要，应当不断借助和依赖别人的劳动产品才能达到，"如果他不同别人发生关系，他就不可能达到他的全部"②。这时，其他人便成为实现自身需要的特殊手段。但是，通过与他人的关系，可以取得普遍性的形式，并且在"满足他人福利的同时，满足自己"③。可见，在市民社会中，"具体的人"的特殊性必须要以某种"普遍性"为实现条件，"具体的人"之间是相互依赖、相互联合的，"这种联合是通过成员的需要"④，并通过维护个体的需要和社会需要的外部秩序而建立起来的。因此，黑格尔把市民社会中"具体的人"的这种特性称为"需要的体系"，在这个体系中，人的不同需要和实现需要的手段，都表现出不同程度的多样性。但是，需要不是随意产生的，而是那些"企图从中获得利润的人所制造出来的"⑤。也就是说，"劳动"是"需要"产生的根本原因。在劳动的过程中，人的需要只有借助劳动本身的普遍性——司法、工会等才能充分实现，这就要求个人的需要与社会的普遍性需要保持一致。

综上所述，西方近代社会需求思想的共同点体现在充分肯定了人的"需要"的合理性，把人的"自然需要"看作是人的本性，这对于张扬人的个性具有重要的现实意义。

---

① 李凤鸣、姚介厚：《十八世纪法国启蒙运动》，北京出版社1982年版，第241页。
② 黑格尔：《法哲学原理》，张世英译，商务印书馆1961年版，第197页。
③ 同上。
④ 黑格尔：《法哲学原理》，张世英译，商务印书馆1961年版，第174页。
⑤ 黑格尔：《法哲学原理》，张世英译，商务印书馆1961年版，第207页。

三、西方现代社会的需要思想

西方现代社会的需要思想作为资本主义发展到一定社会历史阶段的产物，在这段时期，法国哲学家让·鲍德里亚（Jean Baudrillard）和匈牙利哲学家阿格妮丝·赫勒（Agnes Heller）对人的需要进行了深入的研究和系统的分析，为我们进一步研究需要理论提供了一些可供参考的经验。

在让·鲍德里亚看来，人的需要的增长与生产力的发展有一定的不平衡性，这种不平衡性促发了消费社会的形成。在消费社会中，人们不再关注商品的有用性，而是通过消费来展现个体的身份地位，从而使消费取代了生产的主导地位。因此，消费成为一种具有符号象征意义的虚假需要。他指出，传统社会是生产主导型社会，"消费"作为生产的一个环节，它的目的在于满足人们基本的"生活需要"，由于这种"消费"根据商品的使用价值来进行，因此是一种真实的需要。与之不同，在后工业社会，随着资本主义社会的飞速发展，物质的增长不仅表征着人的需求在增长，而且意味着在"需求增长与生产力增长之间这种不平衡本身的增长"①。在消费社会，"消费"发挥了主导性的作用，人们消费的不再是商品的"使用价值"，而是为了满足某种交换价值，这时，人们瞄准的不是物品本身，而是物品的价值，即"需求的满足首先具有附着这些价值的意义"②。由于人的"欲望"具有无限度性，为了体现自身的高贵地位，他们会消费远远超过使用价值的高档产品，而这对于人来说完全是一种虚假需要。在这种情况下，人们不再消费发自内心真正需要的产品，而是消费一些具有"符号"象征性意义的豪车、别墅等。也就是说，这种消费系统不是建立在对"需求和享受的迫切要求之上，而是建立在某种符号（物品/符号）和区分的编码之上"③。广告、名车等符号在消费社会中起了重要的作用，它们不再是一些简单的商品，而是一串意义，因为它们代表着某种更为高档的商品。这时，带有"符号"的消费品无处不在、无孔不入，它不断地刺激着人们的虚假需要，使现代人逐渐丧失了人的本性，并最终成为"商品拜物教"的奴隶。

同时代的赫勒，同样对需要思想进行了深入的探讨。他通过对马克思需

---

① ［德］黑格尔：《法哲学原理》，张世英译，商务印书馆1961年版，第207页。
② ［德］黑格尔：《法哲学原理》，张世英译，商务印书馆1961年版，第58页。
③ ［法国］让·鲍德里亚：《消费社会》，刘成富、全志钢译，南京大学出版社2001年版，第47页。

第一章 需要理论的思想渊源

要理论的深入研究,指出社会应当最大限度地满足人们不同的"激进需要",这样才能促进社会和谐。

首先,由于"需要"概念隐含在马克思的政治经济学研究中,因此,只有深入分析马克思的政治经济学,才能把握好马克思的"需要"概念。马克思对政治经济学的研究中,主要分析了三个问题:一、工人出卖给资本家的不是劳动而是劳动力;二、剩余价值的概念和"利润、利息"等剩余价值的表现形式;三、强调使用价值在经济学中的重要作用。对以上三方面的分析可知,这几个问题都可以用"需要"概念来阐释,这说明了"需要理论"是马克思创立劳动价值论和剩余价值论的理论基础。其一,马克思认为,商品的使用价值作为商品的基本属性,它的主要功能在于它是"满足人的某种需要的物"①。这说明,使用价值与满足人的需要的含义相同。这就科学地说明了为什么马克思当年没有直接用"需要"概念来给商品下定义。其二,赫勒指出了古典政治经济学与马克思主义需要理论的本质差别。他认为,古典政治经济学家站在资本主义立场,把经济价值看作最高的价值,把"有效需求"形式中出现的"需要"看作社会发展的原动力。而马克思则从批判的眼光出发,认为应当把经济价值归结为需要,这才形象地说明了"需要异化"的产生。其三,为进一步说明"需要思想"的内涵,赫勒对马克思需要范畴的分类进行了研究,他指出,马克思对需要进行过以下分类:有时从"历史哲学或人类学的角度进行分类,有时基于对象化的需要进行分类"②。其中,马克思从历史哲学或人类学的角度对需要进行分类,需要可分为"自然的需要"和"社会生产的需要"两种。而根据对象化的观点对需要进行分类,可以分为物质需要和精神需要等。可见,赫勒看出马克思从不同的角度对需要的不同分类,这对于加强需要理论的研究有重要的借鉴意义。其四,赫勒认为"需要异化"是马克思需要理论的核心问题。需要异化表现为"手段和目的的颠倒、量和质的分离、需要的不平等性"③。为实现人们的需要,必须要克服需要异化。这样,赫勒就把"激进需要"的研究提上了日程。所谓激进需要,是指在等级社会中产生,由于人的需要在社会内部无法得到满足,"只能通过超越现存社会才能实现"④。可见,在等级社会中,对

---

① 《马克思恩格斯选集》(第2卷),人民出版社1995年版,第114页。
② Agnes Heller, The Theory of Need in Marx, New York: ST. Martin's Press, 1976, pp27.
③ Agnes Heller and Ferenc Feher, The Grandeur and Twilight of Radical Universalism, New Brunswick Transaction Publishers, 1991, pp31-41.
④ Agnes Heller, Radical philosophy, translated by JameWickham, Oxford: Blackwell, 1984. pp138.

于不能满足的需要有不可计数的阐释,"因此就存在着不可计数的激进需要"①。正是由于不同的人具有不同的激进需要,社会才会出现需要异化,人与人之间才会有需要的冲突。为此,赫勒认为左派应当最大限度地满足不同的激进需要。在具体操作上,"必须设想一种主张普遍有效性的价值"②,使人们普遍遵守康德的"人是目的,而不仅是手段"的绝对命令,以此来满足人们多元化的需求。但是,由于此原则在现实生活中的软弱无力,并不能避免人与人不同需要之间的矛盾。为摆脱这一困境,他认为社会革命的产生是由于主体激进需要的革命,也就是说,只有那些个体未能满足的激进需要才会成为革命的主体力量,所以,未来的社会一定是能够满足人的激进需要的社会,唯有如此,才能实现社会的和谐。可见,现代西方社会的需要思想,总体上力图克服西方近代需要观的片面性,从个人与社会的关系上来分析人的需要,从而把人的需要与社会现实联系起来,这和西方近代社会的需要思想相比,是一个巨大的进步。

总之,纵观西方哲学史上的需要思想,从古希腊时期人们对需要问题的最初分析,到西方近代社会对需要问题的阐释,再到西方现代社会对需要问题的进一步研究,人们对需要的认识不断深入,为马克思、恩格斯需要理论的形成提供了必要的思想基础。但是,由于历史的原因,他们总是离开劳动来谈论需要,未能发现需要产生的原因和需要实现的具体路径。

第四节 马克思、恩格斯的需要理论

与以前的需要思想不同,马克思、恩格斯以历史唯物主义的观点来分析人的需要,从而建构了科学的需要理论体系。大体来说,马克思、恩格斯的需要理论大致包括以下几个方面:

一、1842年—1844年的需要理论

从1842年到1844年的三年中,马克思从人本主义立场来看待人的需要问题,对需要的类型、需要异化等问题进行了分析,从而使马克思的需要理论初步确立。

---

① [匈]赫勒:《激进哲学》,赵司空、孙建茵译,黑龙江大学出版社2011年版,第123页。
② [匈]赫勒:《激进哲学》,赵司空、孙建茵译,黑龙江大学出版社2011年版,第136页。

在《莱茵报》时期，马克思开始接触到了现实生活中的物质利益和人的需要等问题。1842 年，他注意到了利益在社会生活中的关键作用，他认为，在当时的社会，不同的阶级代表了各自不同的利益，因此，人们"所争取的一切，都同他们的利益有关"①。在《论犹太人问题》这篇文章中，马克思进一步从人的"现实需要"出发，来分析犹太人的解放问题。他认为，犹太人之所以能保持与基督教同时存在，是因为犹太精神起了主要作用，这种精神就是"实际需要，利己主义"②，而"需要和利己"构成了市民社会的原则，使犹太人的本质在市民社会中得到世俗化的实现。可见，"需要和自利"把人与社会联系了起来，使犹太人具有利己主义需要的本质。所以，要使犹太人得到解放，必须消除"犹太精神的经验本质，即经商牟利及其前提"③。

在《1844 年经济学——哲学手稿》中，马克思不仅对需要的特性进行了分析，而且对需要异化等问题进行了阐述。马克思首先对需要的特性进行了全面的分析。他认为，人是主客体相统一的存在物，人的需要不仅具有客观性，而且有主体性。一方面，人的需要具有客观性，人是自然界的存在物，"没有自然界，没有感性的外部世界，个人什么也不能创造"；④ 另一方面，人的需要具有主体性，人能通过劳动实践来实现人的生存需要，对人来说，劳动是"维持肉体生存的需要的一种手段"⑤。在此基础上，马克思对资本主义私有制条件下人的"需要异化"进行了论述。他认为，在共产主义社会，人的本质能够得到实现和发展。但是，在资本主义私有制条件下，这一切却具有相反的意义，每个人都指望使别人"产生新的需要，以便使他作出新的牺牲"⑥。可见，在资本主义社会，人的需要发生了异化。马克思认为需要异化有以下几种表现形式：（1）需要的工具化；（2）需要的不均衡化；（3）需要的贫乏化。

其一，"需要的工具化"指满足人的需要本来应当是人的目的，但是却成为控制人的一种手段。一方面，人们追求自身的各种需要，其目的不是某种真实需要，而是自私自利的目标。而且，每个人力图创造出一种支配他人

---

① 《马克思恩格斯全集》（第 42 卷），人民出版社 1979 年版，第 82 页。
② 《马克思恩格斯文集》（第 1 卷），人民出版社 2009 年版，第 52 页。
③ 《马克思恩格斯文集》（第 1 卷），人民出版社 2009 年版，第 55 页。
④ 《马克思恩格斯文集》（第 1 卷），人民出版社 2009 年版，第 158 页。
⑤ 《马克思恩格斯文集》（第 1 卷），人民出版社 2009 年版，第 162 页。
⑥ 《马克思恩格斯文集》（第 1 卷），人民出版社 2009 年版，第 223 页。

的本质力量，希望在他人身上唤起某种新的需要，以迫使别人作出新的牺牲，而他们自己却为了实现"自己的利己需要的满足"①。另一方面，需要的工具化使人丧失了人的本性。作为一个劳动者，他不仅有物质需要，而且有精神需要等多方面的需要。但是，在现实生活中，需要的工具化使人的需要成了维持自身肉体生存的一种手段。人和动物类似，都有最基本的物质需要。但是，人的需要的多样化表明，当人的物质需要取代其他的各种需要而成为唯一的需要时，就使人的物质需要变成了动物的物质需要，从而使人降到了动物的水平。

其二，"需要的不均衡化"是指，一方面出现的"需要的精细化和满足需要的资料的精细化"②，却在另一方面造成"需要的畜生般的野蛮化和彻底的、粗陋的、抽象的简单化"③。也就是说，在资本主义社会，资本家的生活和满足需要的方式十分精细和高雅，而贫穷工人的生活和满足需要的方式则向着野蛮化、粗陋化的方向发展。马克思用生动的例子来描写下层人民生活的悲惨状况，对于工人来说，"甚至对新鲜空气的需要也不再成其为需要了。人又退回到洞穴中居住……甚至动物的最简单的爱清洁习性，都不再是人的需要了"。④

其三，所谓需要的"贫乏化"，就是指在资本主义私有制社会中，"对货币的需要是国民经济学所产生的真正需要，而且是它所产生的唯一需要"，⑤这时，人的需要失去多样性、丰富性的内涵，而变得贫乏化、单一化。马克思认为，国民经济学把贫乏和单一的生活方式当作计算的标准，"把工人变成没有感觉和没有需要的存在物"。⑥ 表面看来，国民经济学这门学科是一门关于财富和节约的科学，它强调自我节制，对生活乃至"人的一切需要都加以节制"，⑦ 但是，这种节制，正是体现了资本家对劳动者"追求多样化需要"的严格限制，因为人的活动多种多样，人的需要也丰富多彩，资本家通过对人的需要的节制，使人们只有追求货币的需要，从而丧失了需要丰富性的本质，使人的需要进一步贫乏化和单一化。

---

① 《马克思恩格斯全集》（第42卷），人民出版社1979年版，第132页。
② 《马克思恩格斯全集》（第42卷），人民出版社1979年版，第225页。
③ 同上。
④ 同上。
⑤ 《马克思恩格斯全集》（第42卷），人民出版社1979年版，第132页。
⑥ 《马克思恩格斯文集》（第1卷），人民出版社2009年版，第226页。
⑦ 同上。

综上所述，在 1842—1844 年，马克思已经从主客体、人本主义的角度对需要的特性、需要异化等问题进行了深入的研究，使"需要理论"在马克思主义体系中的地位逐步凸现，这些思想为马克思需要理论的成熟提供了重要的思想资源和理论准备。

二、《德意志意识形态》中的需要理论

在《德意志意识形态》这篇文章中，马克思、恩格斯用历史唯物主义的观点来分析人的需要问题，克服了在《1844 年经济学——哲学手稿》中的人本主义倾向，对于推动需要理论的深入研究具有非常重要的意义。

首先，马克思、恩格斯提出"需要是人的本性"的思想，从而丰富了他们的需要理论。马克思、恩格斯认为，个人的需要是人学理论的逻辑起点，也就是说，要理解人的需要，首先应当确定人类生存和发展的第一个前提，即人们为了能够生活，"就需要吃喝住穿以及其它一些东西。因此第一个历史活动就是生产满足这些需要的资料，即生产物质生活本身"。① 也就是说，在现实的生活实践中，人们为了摆脱自身对生存、发展的客观条件的依赖和制约，他们必然会通过一定的实践活动来对客观世界进行改造，以此来实现自己的某种需要。正是在这个意义上，马克思、恩格斯才指出："他们的需要即他们的本性。"②

其次，马克思、恩格斯在文中阐述了需要与生产的关系，认为两者是互动的辩证关系，使"需要是人的本性"的论断更加有深度，并把需要和生产在唯物史观的规定意义上统一了起来。一方面，马克思、恩格斯认为，人的需要决定生产。由于"需要是人的本性"，主体为了满足自身的各种各样需要，他必须要进行生产。也就是说，引起人们进行生产的内在动机和动力源泉是人的需要。从这个意义上，人的需要是生产的前提。另一方面，生产也决定人的需要。其一，生产决定满足需要的手段。在现实的社会条件下，人有什么需要、如何满足自身的需要，这由一定的社会生产状况来决定。不同的历史时代，人们满足需要的方式和手段有所不同。在原始社会，人们总是通过男耕女织的手段来满足人的物质需要，而在近代社会，则主要通过机器大生产等高科技手段来实现人的需要。所以，马克思、恩格斯指出："饥饿

---

① 《马克思恩格斯选集》（第 1 卷），人民出版社 1995 年版，第 78—79 页。
② 《马克思恩格斯全集》（第 3 卷），人民出版社 1960 年版，第 514 页。

总是饥饿，但是用刀叉吃熟肉来解除的饥饿不同于用手、指甲和牙齿啃生肉来解除的饥饿。"① 其二，生产能够使人的需要成为现实。人的需要不仅有主体性、客观性，而且还有实践性。要实现人的需要，第一步，应当使主体的需要与客观对象相符合，使主体的"想要"上升到客观的真实需要；第二步，通过生产实践活动，使人的客观的需要得到满足，最终变成现实；其三，生产能够促进新的需要产生。由于人的需要由生产决定，因此，"他们是什么样的，这同他们的生产是一致的"。② 这说明，人的需要取决于他们进行生产的物质条件，而随着人类生产实践活动的发展，人的需要也在不断地发生变化。可见，"需要与生产"是相互依存的辩证统一关系，如果割裂二者的内在统一性，都是片面的和不合理的。

再次，马克思、恩格斯提出了"个人需要"与"共同体需要"相统一的思想，从而使他的需要理论更加具体。一方面，个人需要是共同体需要存在和发展的前提，人类历史的第一个前提是"有生命的个人的存在"③。个人需要的发展水平不仅是衡量社会发展的基本尺度，而且是促进社会发展的基本动力。因此，在人类社会中，首先应当确认的事实就是"这些个人的肉体组织以及由此产生的个人对其他自然的关系"④。另一方面，任何个人的需要都离不开共同体而独立存在，共同体的需要是实现个人需要的前提和基础。没有共同体，这是不可能实现的。"只有在共同体中，个人才能获得全面发展其才能的手段"，⑤ 人的各种需要才能得到实现。可见，个人需要和共同体需要的这种辩证统一关系，不仅要求个人在追求自身需要的时候要注重共同体的需要，而且在实现共同体需要的时候要关注人的个体需要，只有这样，才能同时兼顾个人需要和共同体需要，共同促进需要的实现和社会的发展。

可见，马克思、恩格斯在《德意志意识形态》中的需要理论思想与以前的研究思路有所不同，其根本点在于他逐渐脱离了人本主义的立场，是站在唯物史观的立场上来看待需要，从而彰显出对人的需要诉求的极大关注。

---

① 《马克思恩格斯文集》（第8卷），人民出版社2009年版，第16页。
② 《马克思恩格斯选集》（第1卷），人民出版社1995年版，第68页。
③ 《马克思恩格斯选集》（第1卷），人民出版社1995年版，第55页。
④ 《马克思恩格斯选集》（第1卷），人民出版社1995年版，第294页。
⑤ 《马克思恩格斯选集》（第1卷），人民出版社1995年版，第67页。

三、经济学著作中的需要理论

在《资本论》和《1857—1858年经济学手稿》这两篇经济学著作中，马克思更加深入地探讨了人的需要问题，他不仅注重人的需要的逻辑跃迁，而且关注人的生存需要向社会需要的转化。

在《资本论》中，马克思提出人的需要具有社会历史性、人的需要趋于多样化的特点，这些思想为《1857—1858年经济学手稿》实现人的需要奠定了理论基础。在文中，马克思继承了在《德意志意识形态》中需要与生产的辩证关系的思想，进一步提出人的需要还具有社会历史性的特征。一方面，随着社会生产力的发展，为了适应新的社会发展状况，人们会尽力去创造新的需要，来满足自身的发展，这体现了需要的历史性特征；另一方面，在资本主义社会初期，社会生产力发展水平不高，人的需要也不丰富，"需要是同满足需要的手段一同发展的"。① 因此，当需要满足的手段发生变化时，人的需要也要发生变化。可见，社会生产方式的发展、满足需要的手段会影响人的需要的发展变化，这种发展变化体现了人的客体制约性与主体能动性的内在统一性本质。同时，马克思指出，自然条件决定人的需要并使人的需要趋于多样化。他认为，由于人的需要与自然条件紧密联系，这些自然条件可以归结为"人本身的自然（如人种等等）和人周围的自然"②。马克思进一步阐述了自然富源对不同的人类社会具有不同的作用和意义，也就是说，在文化初期，"第一类自然富源具有决定性的意义；在较高的发展阶段，第二类自然富源具有决定性的意义"。③ 正是自然富源的极其重要性，可以通过人所处的"自然环境的变化，促使他们自己的需要、能力、劳动资料和劳动方式趋于多样化"④。

在《1857—1858年经济学手稿》中，马克思论述了"社会需要和生存需要"的关系，以及"人的需要的体系"的思想，这使需要理论的体系更加完善，内容更加丰富。

首先，论述了"社会需要和生存需要"之间的关系。与马克思早期探讨人的"物质需要""个人需要"的着眼点不同，在《1857—1858年经济学手

---

① 《马克思恩格斯文集》（第5卷），人民出版社2009年版，第585—586页。
② 《马克思恩格斯文集》（第5卷），人民出版社2009年版，第586页。
③ 同上。
④ 《马克思恩格斯文集》（第5卷），人民出版社2009年版，第587页。

稿》中，他着重对"社会需要"进行规定和探讨。他认为："历史地自行产生的需要即由生产本身产生的需要，社会需要即从社会生产和交换中产生的需要。"① 这里所谓"历史地自行产生的需要"，马克思在《德意志意识形态》中就已经进行过论述，即人类为了生存，首先要满足吃、喝、住等最基本的生存需要。而要满足这些需要，人们又必须要进行生产实践活动，"这是人们从几千年前直到今天单是为了维持生活就必须每日每时从事的历史活动"。② 可见，这里所谓"历史地自行产生的需要"，是指人们为了维持生活的基本的"生存需要"，而"社会需要"则表征了需要在一定的社会关系中的产生和发展状况。对"社会需要和生存需要"之间的关系来说，其一，从需要产生的逻辑规律上来讲，"社会需要"的产生应当是在生存需要的产生之后，因为只有人们满足最基本的生存需要后，才会产生和满足其他各种需要。其二，从生产力发展的状况来说，生存需要是较贫乏的需要，而社会需要是相对较丰富的需要。由于生产力发展状况的不同，需要的存在状况也有所不同。对于人的生存需要来说，"在生产的最低阶段上，人类产生的需要还很少，因而要满足的需要也很少"。③ 而"社会需要"远远超出了生存需要的界限，它的产生和发展代表了资本主义机器大生产，与史前社会相比，资本主义社会的生产力有了突飞猛进的发展，随之而来的是人的需要的丰富和多样化。

其次，为实现使"生存需要"向"社会需要"的转化，马克思提出了"人的需要的体系"思想。他认为，"人的需要的体系"不是偶然的历史现象，而是在任何社会中都会出现的社会现象。其一，从社会发展的角度来说，随着社会的发展，人的需要也会不断地发生变化，从而使人的需要体系不断"从低向高"发展。在人类早期社会，受生产力发展和人类认识的限制，人的需要十分单一和贫乏，这时人们主要倾向于满足生存需要，这种需要在很大程度上带有私人需要的性质。与此不同，在资本主义社会，人的需要是多方面和社会性的，从而使需要向普遍化方向发展，"需要发展到这种程度，以致超过必要劳动的剩余劳动本身成为普遍需要，成为从个人需要本身产生的东西"，④ 这最终实现了需要的发展进化。其二，人的需要以社会生产为基础，并随后者的发展而发展。虽然需要是人们进行生产的内在动力，但从根本上来说，人的需要受社会生产的决定和制约。与之相适应，

---

① 《马克思恩格斯全集》（第46卷下），人民出版社1982年版，第19页。
② 《马克思恩格斯文集》（第1卷），人民出版社2009年版，第531页。
③ 《马克思恩格斯全集》（第30卷），人民出版社1995年版，第376页。
④ 《马克思恩格斯全集》（第30卷），人民出版社1995年版，第286页。

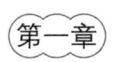

"人的需要体系"的形成和发展,也是建立在劳动体系不断生产创造的基础上的。因而,在社会生产中,新的生产部门的一些创造性活动,是发展各种劳动的一个不断扩大的日益广泛的体系。所以,"与之相适应的是需要的一个不断扩大和日益丰富的体系"。①

总之,在1842年—1844年,马克思从人本主义立场来看待人的需要,从而使马克思的需要理论初步确立;在《德意志意识形态》这篇文章中,马克思、恩格斯站在唯物史观的立场来看待需要,加深了对需要理论的研究;在《资本论》和《1857—1858年经济学手稿》这两篇经济学著作中,马克思不仅注重人的需要思想的逻辑跃迁,而且关注现实人从"生存需要"向"社会需要"的转化,为人的需要的实现奠定了坚实的基础。

第五节　西方马克思主义需要思想

进入20世纪,西方社会经历了一系列的价值观念的冲突和更新。社会生产力的快速发展在满足人们物质需要的同时,又引发了需要异化等负面影响,使当代人面临着深刻的文化意识危机。为此,西方马克思主义的思想家结合弗洛伊德的心理学和马克思主义唯物史观,对这一社会现实进行全方位的分析和批判。

一、卢卡奇的需要思想

卢卡奇(GeorgLukacs,1885—1971)作为西方马克思主义的奠基人,在他的哲学体系中,蕴含着丰富的需要思想。他从"劳动"与"需要"的关系入手,阐述了资本主义商品社会的物化现象,指出人们被物化现象所蒙骗,无法区分自身的真实需要,从而使人的需要成为一种严重的失真状态。

首先,卢卡奇在继承马克思需要理论的基础上,对劳动和需要的关系进行了分析。他认为,需要是劳动目的性设定产生的基础,但是,要实现这种目的性设定,要先正确认识外在自然界。他认为,劳动不仅能使"自然物发生形式变化,同时他还在自然物中实现自己的目的"②。可见,人们通过一定

---

① 《马克思恩格斯全集》(第46卷上),人民出版社1982年版,第392页。
② [匈牙利]格奥尔格·卢卡奇:《关于社会存在的本体论:下卷》,重庆出版社1993年版,第7页。

的劳动实践活动,不仅能够改变外在自然物的形式,而且能够实现自己的目的,而这种目的的获得,被卢卡奇称之为"劳动的目的性设定"。关于"劳动目的性设定"的产生,他认为,在日常生活中,劳动的这种"目的的设定产生于社会的人的需要"①。但是,为了使劳动成为一种真正的目的设定,对于外部自然的认识,必须达到与这些手段相适应的水平。如果这些手段尚未获得,那么有关"目的的设定就仅仅是一项乌托邦工程"②。也就是说,虽然劳动的"目的性设定"产生于人的社会需要,但是,要真正实现劳动的"目的性设定",人们需要的评价和选择等活动必须要遵守外在自然界的客观规律,唯有如此,才能从根本上满足人的需要。反之,劳动的目的设定就仅仅是一项乌托邦工程。

其次,卢卡奇通过对资本主义商品社会中"物化现象"的分析,认为"物化"使人与人的关系变成物与物的关系,使"劳动"和人的"真实需要"发生了分离,最终使人失去了主体性。他认为,随着资本主义社会商品经济的高度发达,社会普遍产生了"物化"现象,它作为一种强大的统治力量,已渗透到资本主义社会生活的各个方面。"物化"作为主体自身的劳动,是"某种通过异于人的自律性来控制人的东西,同人相对立"③。"物化"的本质通常通过主客观两个方面来展现,一方面,在客观上,"物化"是由物与物之间关系构成的现实世界,尽管人们可以认识它的规律,但它是一种无法克服的,"由自身发生作用的力量同人们相对立"④。从这个意义上来说,人们可以出于自身的某种需要来利用这种"物化"的规律,但人们却不能改变它。也就是说,"物化"现象的产生完全由资本主义社会商品经济造成,资本家为追求剩余价值,竭力对生产工具进行"物"的追求,使分工"越来越畸形发展,从而破坏了人的人类本性"⑤,并使人与人之间的关系获得"物"的性质。这时,劳动失去了"人的需要"的确证,变成了以"物"的合理性需要来衡量的标准,劳动者的"人性"变成了"物性",人的需要也变成了动物的需要,人最终成为道德的碎片。另一方面,与"客观的物

---

① [匈牙利]格奥尔格·卢卡奇:《关于社会存在的本体论:下卷》,重庆出版社1993年版,第19页。
② 同上。
③ [匈牙利]格奥尔格·卢卡奇:《历史与阶级意识——关于马克思主义辩证法的研究》,杜章智、任立、燕宏远译,商务印书馆1992年版,第147页。
④ 同上。
⑤ [匈牙利]格奥尔格·卢卡奇:《历史与阶级意识——关于马克思主义辩证法的研究》,杜章智、任立、燕宏远译,商务印书馆1992年版,第162页。

化"相适应,劳动者在主观上也出现了"劳动"同"需要"相分离的"物化"的情形。本来劳动是满足人的需要的一种手段,但是,在资本主义经济条件下,由于目的和手段的分离,使人的劳动和需要相对立,并使人的劳动变成一种商品,而这种商品服从于资本主义社会的经济发展规律,"它正如变为商品的任何消费品一样,必然不依赖于人而进行自己的运动"。[1] 物化的主观方面表明,资本主义商品经济高度发达,商品经济中"物"的关系代替了"人"的关系,人逐渐丧失了主体性本质,完全成为一种对象性的物体。这时,物化现象渗透到社会生活的各个方面,使"物化"趋向普遍化,更为可怕的是,"物化结构越来越深入地、注定地、决定性地沉浸入人的意识里",[2] 使这种物化现象转换为"物化意识",而物化意识是物化的最极端的表现形式。但是,人们却感到物化是一种正常的社会现象,并对物化现象采取了认同的态度。其结果是,在"物化意识"的影响下,人们逐渐失去了需要评价的能力,人的真实需要不仅无法辨认,而且失去了需要实现的现实条件。

总之,卢卡奇认为物化涵盖了整个资本主义社会商品经济生活,物化从"客观物化"到"主观物化",再到"物化意识"的转变,使人们失去了评价真实需要和虚假需要的能力,人的需要也成为一种严重的失真状态。

二、法兰克福学派的需要思想[3]

"二战"后,随着生产力的飞速发展,西方资本主义国家进入到一个前所未有的发达工业社会。然而,这个社会却是人的需要受到异化的社会。正是在这样的时代背景下,法兰克福学派代表人物弗洛姆、马尔库塞提出了他们别具特色的"需要思想",表达了对当代发达工业社会中"人的需要"的真切关怀。

弗洛姆(Erich. Fromm,1900—1980)是法兰克福学派的主要代表,他致力于结合弗洛伊德的心理学和马克思主义唯物史观,并借鉴卢卡奇的物化理论,对资本主义社会展开全方位的批判。

---

[1] 卢卡奇:《历史与阶级意识——关于马克思主义辩证法的研究》,杜章智、任立、燕宏远译,商务印书馆1992年版,第147—148页。
[2] 卢卡奇:《历史与阶级意识——关于马克思主义辩证法的研究》,杜章智、任立、燕宏远译,商务印书馆1992年版,第156页。
[3] 董晓飞:《弗洛姆社会伦理思想探究》,《和田师专学报》,2011年第1期。

弗洛姆认为，当代资本主义社会是一个不健全的病态社会。他指出，判断一个社会是否健全，不仅要看这个社会能否满足人的物质需要，而且要看它能否满足人的精神需要。因此，尽管当代资本主义社会生产力高度发展，却是一个不健全的社会。因为它虽然满足了人的物质需要，但是却使人的精神需要发生了异化，这种异化作为人的一种主观上的体验，总是使人们感觉到自己是世界上的陌生人，从而使"异化的个人与自身相脱离，就像他与其他人相脱离一样"①，上至资本家，下至清洁工，甚至"上帝同整个世界一样都已经异化了"。②弗洛姆进一步分析了消费异化问题。他认为，消费异化脱离了人的真正需要，不利于人的需要实现。也就是说，本来消费是用来满足人合理需要的一种手段，但是，在当代资本主义社会，社会生产的主要目的是满足剩余价值的需要，资本家为使消费成为人们生活的目的，不择手段地刺激人们的消费欲望，使人变成了只知道消费的被动机器，从而剥夺了人们追求精神需要的权利，在这种情况下，"娱乐的价值取决于它在市场上流行与否，而不是从人的角度去衡量的"。③可见，人们在消费主义的支配下，把消费和使用新物品作为自己的唯一目标，"消费欲望已完全脱离了人的真正需要"，④使人的需要成为一种所谓的人为制造的——虚假的需要。对这种需要满足并不能带来真正的幸福和快乐，而是最终导致人性的毁灭。为了消除消费异化，实现人的真正需要，弗洛姆认为，只有通过构建健全的社会才能达到。从宏观上来说，人有两种需要——"自我保存"的需要和"生存"的需要，对于前者来说，尽管它是人的最基本需要，但是，"这些本能需要的满足并不使人感到幸福，也不足以使人变得健全"。⑤为此，弗洛姆十分重视人的生存需要。他认为，在现实生活中，人的生存需要包括："选择性"的需要、"爱"的需要、"同一性"的需要等。关于"选择性"的需要，弗洛姆指出，人的需要多种多样，为了知道哪种需要是我们最急需的，我们应当对各种需要进行定位，正如在某个年龄期，"极其需要这种定向框架，而且他们经常利用一些适合于他们的材料，自己以机灵的方法作出

---

① ［美］埃里希·弗洛姆：《健全的社会》，孙恺祥译，贵州人民出版社1994年版，第120页。
② ［美］埃里希·弗洛姆：《健全的社会》，孙恺祥译，贵州人民出版社1994年版，第111页。
③ ［美］埃里希·弗洛姆：《健全的社会》，孙恺祥译，贵州人民出版社1994年版，第137页。
④ ［美］埃里希·弗洛姆：《健全的社会》，欧阳谦译，中国文联出版公司1988年版，第135页。
⑤ ［美］埃里希·弗洛姆：《健全的社会》，欧阳谦译，中国文联出版公司1988年版，第23—27页。

这种框架"。① 弗洛姆进一步对"爱"的需要进行分析,他认为,爱作为一种需要,广泛存在于人与人的社会联系中。当某个人具有爱的情感,他就会尽力满足对方的各种需要。如果我爱他,那么"我要去满足他的需要"②。最后,弗洛姆阐述了"同一性"的需要,这种需要是人区别于动物的主要标志。他认为,达到对"同一"的爱的体验,不是通过倒退到动物的存在中去,而是通过成为全面的人,即人与自我、人和自然的同一来达到这种体验的。③ 也就是说,只有使人与自身、人与自然的需要达到同一,才能使人的需要区别于动物的需要,最终不断满足自身的生存需要。

与弗洛姆同时代的马尔库塞,也建构了十分精彩的需要思想。他的需要思想受到弗洛伊德本能理论和马克思需要异化思想的影响,其理论旨归是解放人的爱欲、消除人的"虚假需要",这代表了西方马克思主义学者开辟需要问题研究的一个普遍路径。④

"爱欲"概念是马尔库塞需要思想的核心内容,之前,弗洛伊德认为爱欲是人生存的本能,即"爱欲和创造力,是一种性的本能冲动"⑤。而马尔库塞发展和补充了这一概念,他指出,"爱欲"作为人的本质,它能够使人的生命进入更大的统一体,"从而延长生命并使之进入更高的发展阶段的一种努力"。⑥ 可见,"爱欲"对人的生存和发展有重要的意义。然而,在当代发达资本主义社会,人的"爱欲"受到不同程度的压抑,从而使人们失去了区分"真实需要"与"虚假需要"的能力。所谓"真实需要",是指那些在现实生活中必须要满足的需求,诸如衣、食、住、行等。"对这些需求的满足,是实现包括粗俗需求和高尚需求在内的一切需求的先决条件"。⑦ 而"虚假需要"则意味着统治者为了特定的社会利益,"而从外部强加在个人身上

---

① [美] 埃里希·弗洛姆:《弗洛姆著作精选——人性·社会·拯救》,上海人民出版社1989年版,第578页。
② [美] 埃里希·弗洛姆:《健全的社会》,欧阳谦译,中国文联出版公司1988年版,第31页。
③ [美] 埃里希·弗洛姆:《弗洛姆著作精选——人性·社会·拯救》,上海人民出版社1989年版,第582页。
④ 董晓飞:《马尔库塞社会伦理思想探究》,《社科纵横》,2011年第1期。
⑤ 孙鼎国:《西方文化百科》,吉林人民出版社1991年版,第114页。
⑥ [美] 赫伯特·马尔库塞:《爱欲与文明》,黄勇、薛民译,上海译文出版社1990年版,第163页。
⑦ [美] 赫伯特·马尔库塞:《单向度的人——发达工业社会意识形态研究》,上海译文出版社2006年版,第7页。

的那些需要"。① 关于虚假需要产生的原因，马尔库塞认为，在社会发展的不同阶段，人的本能会受到不同程度的压抑。一般来说，在经济欠发达的社会，为了满足人们的生存需要，社会必须要通过压抑人的本能来进行生产，由于这种压抑是社会发展所必需的，因而被称为"基本压抑"。然而，随着资本主义社会生产力的高度发展，人的生存需要得到了满足。但是，资本家为了统治的利益对人的本能进行了压抑，由于这是一种不合理的压抑，所以被称之为"额外压抑"。在马尔库塞看来，受当代发达工业社会"意识形态"的影响，"额外压抑"成为一种常见的社会现象，社会通过政治、经济等多种手段，强迫个人进行额外消费，从而在社会上形成一种与人的"生存需要"无关的"虚假需要"。这样，本来劳动是用来满足人的"真实需要"的本能活动，但是，在资本主义社会，劳动却变成了满足各种"虚假需要"的手段，这样，劳动的性质完全被异化了，劳动成为一种异化的劳动，"是痛苦和可怕的异化劳动"。② 这种"异化劳动"是对人的"爱欲"的奴役和摧残，是人的需要的严重异化。因此，马尔库塞认为，为了解放"爱欲"、消除人的"虚假需要"，关键是使"爱欲进入劳动领域，使人摆脱异化劳动的痛苦，在劳动中获得快乐"。③ 可见，西方马克思主义思想家对需要问题的研究和阐发，为我们深入研究需要理论提供了极有价值的理论参照。尽管他们的研究未能达到马克思需要理论应有的高度，但是，从揭明需要理论研究的当代性出发，西方马克思主义的需要思想拓展了研究的问题域，为实现人的合理需要提供了方法论的指导。

总之，通过以上对中国历史上的需要思想、中国当代社会的需要思想、西方哲学史上的需要思想、马克思恩格斯的需要理论、西方马克思主义需要思想几个方面的探讨，对需要理论研究的学术史整理有了一定的进展。在马克思、恩格斯需要理论产生之前，中国古代社会需要思想偏重社会道德规范建设，关注人的精神需要，重视人的物质需要；而中国近代社会倡导"个性张扬"，极力关注人的物质需要；到了中国现代社会，思想家大多从自由主义、中国传统儒家思想出发来研究人的需要。西方古希腊时期的需要思想与

---

① [美] 赫伯特·马尔库塞：《单向度的人——发达工业社会意识形态研究》，上海译文出版社2006年版，第6页。
② [美] 赫伯特·马尔库塞：《爱欲与文明》，黄勇、薛民译，上海译文出版社1990年版，第60页。
③ [美] 赫伯特·马尔库塞：《爱欲与文明》，黄勇、薛民译，上海译文出版社1990年版，第5页。

第一章 需要理论的思想渊源

中国传统社会的需要思想类似,同样以道德规范来构造社会生活中人与人的关系,在关注人的精神需要的同时,对人的物质需要采取"节制"态度;西方近代社会的思想家则从需要的自然性出发来分析需要的特性。

可见,尽管这些思想家对于需要问题的研究是深入的,但是,由于受到历史条件的限制,他们对于需要问题的研究难免存在某种局限性,"未能以科学的实践观为基础把人的需要和生产劳动有机结合起来",① 对需要的实现也存在着主观色彩和空想成分。而马克思、恩格斯的需要理论深入把握到了需要的深层本质,不仅指出了需要在历史发展中的作用,而且指明了需要实现的现实路径。这为我们进一步深入研究需要理论提供了科学的世界观和方法论原则。

在马克思、恩格斯需要理论产生之后,西方现代社会思想家鲍德里亚、赫勒,西方马克思主义者弗洛姆、马尔库塞等人进一步从不同角度对需要问题进行了研究。对于西方现代社会的需要思想来说,"鲍德里亚虽然对消费社会进行了尖锐的批判,然而由于他认为消费社会颠覆了马克思的劳动逻辑,致使这种批判缺少根本性和深刻性",② 而赫勒的需要思想则明显带有理想化的倾向,也就是说,虽然需要实现的目标已经设定,"但是对于实现这种激进的民主的有效途径,以及如何将需要的多元化、价值的多元化与人类的最终目标有机地统一起来,还需要进一步研究和探索"。③ 西方马克思主义学者弗洛姆、马尔库塞从人性的角度来分析人的需要,尽管对人的需要进行了细微的区分,"但却没有找到克服虚假需要的有效途径"。④ 所以,从历史唯物主义的角度分析人的需要,使人的需要和生产劳动密切联系,就成为我们深入研究需要理论的重要线索。

---

① 李晓青:《激进需要与理性乌托邦:赫勒激进需要革命论研究》,黑龙江大学出版社 2011 年版,第 5 页。
② 余源培:《评鲍德里亚的"消费社会理论"》,《复旦学报(社会科学版)》,2008 年第 1 期。
③ 李晓青:《激进需要与理性乌托邦:赫勒激进需要革命论研究》,黑龙江大学出版社 2011 年版,第 189 页。
④ 李晓青:《激进需要与理性乌托邦:赫勒激进需要革命论研究》,黑龙江大学出版社 2011 年版,第 6 页。

第二章　需要理论概念的厘定

需要理论是一个内涵深刻而丰富的思想体系，而需要的概念是需要理论研究的出发点。因此，本章在分析需要理论思想渊源的基础上，从理论上厘清需要与需要理论的概念，阐述了需要的本质、特点、类型等问题，进而为需要理论的立论确立学理依据。

第一节　需要和需要理论

国内外众多专家学者都对需要的概念极为关注，并从各自的角度对其做出了不尽相同的阐释。然而，只有在科学界定需要的含义的基础上，才能进一步探讨需要理论的内涵。所以，要界定需要理论的合理内涵，首先应当从需要的含义入手。

一、需要的一般分析

其一，从汉语词源学上对"需"与"要"的分析。

对"需"字来说。首先，在古汉语中，"需"最初的解释是司礼之人斋戒沐浴。礼之前，司礼者需要沐浴斋戒，以表内心的诚敬，故后人以需为司礼者专名。《说文·雨部》："需，需也，遇雨不进止需也。从雨，而声。"[1] 其次，"需"有迟疑之意。《左传·哀公十四年》："子行抽剑曰：'需，事之贼也。'"[2] 最后，"需"的含义是等待。在《易经》中，《彖》曰："《需》，须也，险在前也。"[3]《象》曰："云上于天，《需》。君子以饮食宴乐。"[4] 可见，"需"的含义就是要人们等待时机，适时而动。

对于"要"字来说，首先，它的解释是两手叉腰。是"腰"的本字。

---

[1] 谷衍奎：《汉字源流字典》，华夏出版社2003年版，第785页。
[2] 张永言、杜仲陵、向熹等：《简明古汉语字典》，四川人民出版社2001年版，第934页。
[3] 周振甫译注：《周易译注》，中华书局1991年版，第28页。
[4] 同上。

《说文·臼部》："要，身中也，象人要自臼之形。"① 其次，它有"要点、关键"之意。《荀子·议兵》："故兵要在乎善附民而已。"② 《韩非子·扬权》："事在四方，要在中央。"③ 最后，"要"还有索取之意。柳宗元在《贺进士王参元失火书》中指出："足下前要仆文章古书，极不忘。候得数十幅乃并往耳。"④

从以上对"需"与"要"的解释可知，"需"字主要表征了人主观上的"等待"，体现了人的心理状态，而"要"字则体现了主体对客观事物的索取和追求。因此，在中国文化中，"需要"的真正含义正体现在"需"与"要"含义的综合中，也就是说，对于一个人来说，他首先要有主观上的等待和期望，然后才能去追求各种需要，这样解释逻辑上才是行得通的。

其二，从英语词源学的角度对"需要"的分析。

对于需要这个概念，从英语词源学上来论，同样有一个概念演进的过程。在英汉大词典中，对需要的理解上，不仅有语境的差异，而且也有社会文化、生活风俗等差别。例如，在英文中，关于"需要"，有两种翻译方式，第一类是以名词的形式出现的，诸如"need, want"⑤、require、demand 等；这些词的含义指"缺乏"⑥和"困窘，危急"⑦。在这里，这些词的共同特点是主体表达对客体的一种主观心理状态。而另一类是以动词的形式出现，如 needs 等，这一类的含义特指"需要，必要"⑧，例如"The house needs repairing"⑨，即说这座房子需要修理。可见，此类含义更倾向于从客观的事实出发来论述人的需要。

由此可知，在英文中对需要的两种解释显然有很大差别，前者从主体的"观念性构想"来描述"需要"，把需要看作一种主观的愿望，由于这种观点忽视了需要的客观性，因此它不能科学地把握"需要"的内涵。对于后者来说，它把"需要"看作在客观事实的基础上，主体对需要的把握状态。由于这种定义抓住了事物的主客观统一的特性，较科学地表达了需要概念，所

---

① 谷衍奎：《汉字源流字典》，华夏出版社 2003 年版，第 436 页。
② 张永言、杜仲陵、向熹等：《简明古汉语字典》，四川人民出版社 2001 年版，第 978 页。
③ 同上。
④ 同上。
⑤ 吴景荣、沈寿源、黄钟青等：《新汉英词典》，中国对外翻译出版公司 2006 年版，第 837 页。
⑥ 张延仪：《新世纪大学英语惯用法词典》，天津科学技术出版社 2005 年版，第 289 页。
⑦ 同上。
⑧ 同上。
⑨ 同上。

以，本文所说的"需要"概念，就是第二种解释方法。

总之，以上分析可知，无论是国内还是国外，尽管对"需要"有不同的认识和解读方式，但是，他们的共同之处在于：都看到了需要不仅仅是一种主观的心理状态，而且是在客观环境的影响下，对自身需要的一种行动上的追求和满足。

其三，从概念的现实含义上来分析"需要"。在对需要的定义上，学者们从多重维度和不同视角分析了需要范畴，并在一定程度上界定了需要的基本内涵。简而言之，国内学界从概念的现实含义上对需要范畴的界定可以归为如下四种观点：

第一种观点是"主观需要说"。这种观点主要侧重于从主体的"观念性构想"和"内心认同"来描述"需要"范畴。持此观点的学者认为，需要是指来自人的生物的、"心理的和社会的本性的刺激"①。也就是说，"需要"作为人的一种主观状态，它是个体所必需的事物在大脑中的反映。② 可见，这种观点把"需要"看作人的一种特有的精神现象，是人的情感、观念等主观心理方面的感受状态。此观点在一定程度上对需要产生的心理因素分析得相当透彻，对于彰显人的主体性也有重大的意义。但是，由于"人的需要是在人同外界环境相互作用的过程中形成的"③，因而，分析人的需要不能离开一定的社会条件。把需要仅仅看作人的主观心理状态，不利于准确把握需要的内涵。

第二种观点是"客观需要说"。持这种观点的学者主要从需要的客观作用上来描述人的"需要"，他们把需要看作客观的东西，这种客观的需要体现了人对其"生存和发展的客观条件的依赖和需求"④，它反映的是人在社会生活中获取和利用这些条件的内在状态，是一切有机体发展主体能动性的内在源泉。这种观点与第一种观点相反，此观点从客观的角度把"需要"看作人的一种客观的社会现象。这种观点看到了需要具有一定的客观性，从而以唯物主义的态度来把握需要，对于克服唯心主义需要观的负面影响具有重要的意义。但是，"客观需要说"只是把人们对生存、发展条件的依赖关系看

---

① [苏] 图加林诺夫：《马克思主义中的价值论》，齐友、王雯、安启念译，中国人民大学出版社1989年版，第17页。
② 宋书文：《管理心理学词典》，甘肃人民出版社1989年版，第377页。
③ 张志伟：《需要的意蕴与表征》，《江汉论坛》，2004年第8期。
④ 李淮春：《马克思主义哲学全书》，中国人民大学出版社1996年版，第771页。

作需要的基础，而不是看作需要本身。① 也就是说，持这种观点的学者认为，只有当主体缺少某种东西，才存在需要。如果人们不缺少某种东西，就意味着需要消失了。这种分析不能解释人们在满足自身穿衣服的需要之后，还会对衣服产生某种需要，因为需要的满足不能证明需要就消失了，而是随着社会的发展和人的主体性的增强，人的需要会进一步趋于多样化。

第三种观点是"需要状态说"。持这种观点的学者提出，需要是有机体的某种状态的集中体现。一方面，需要是主体与客观环境的不平衡状态，即需要的产生是由于主体缺乏某种刺激，从而引起"有机体内部的一种不平衡状态"②，而这种所谓的不平衡状态，"是个体活动积极性的源泉"③。另一方面，需要表明了有机体的一种特殊状态，即"摄取状态"④。这种状态，表征了有机体对其"生存和发展的客观条件的依赖性"⑤。因而，需要是有机体的一种"客观现实的状态"⑥。

可见，"需要状态说"把需要看作有机体的一种"不平衡状态"和"摄取状态"。即有机体在缺乏某种刺激时，产生了"不平衡状态"，而为了维持有机体的平衡状态，又会对客观事物进行摄取，来满足有机体自身的需要。这种对需要的理解比较注重有机体的某种状态，这无疑是正确的。而问题在于，把需要的产生看作是主体缺乏某种刺激，这种论断未免显得肤浅。

第四种观点是"动态需要论"。与前三种观点不同，这种观点在社会发展和人的发展的动态系统中来论述人的需要，即需要是基于社会发展和人的发展状况而产生，是人们对自身的缺失和期待状况的观念性把握。⑦ 在这里，由于社会发展和人的发展状况是不断变化的，因此，人的需要也是随着社会环境等因素不断变化。然而，作为一个现实的人，他为了不断满足个体的不同需要，会不断调整自身的缺失，使个体的需要与社会发展状况相一致，所以，这种观点带有浓重的主体色彩。可见，这种观点在分析需要时，不仅注重外在的动态的社会发展状况，而且张扬人的主体性，从而达到人的主观能动性与社会发展规律的内在统一。

---

① 张志伟：《需要的意蕴与表征》，《江汉论坛》，2004年第8期。
② 林崇德、姜璐、王德胜：《中国成人教育百科全书·心理·教育》，南海出版公司1994年版，第12页。
③ 同上。
④ 李连科：《哲学价值论》，中国人民大学出版社1991年版，第79页。
⑤ 高清海：《文史哲百科辞典》，吉林大学出版社1988年版，第791页。
⑥ 李德顺：《新价值论》，云南人民出版社2004年版，第240页。
⑦ 阮青：《价值哲学》，中共中央党校出版社2004年版，第58页。

综上，学界关于"需要"的界定表明，不同学者都从各自的角度对"需要"范畴进行了深入的分析和研究，从而提出了各自有代表性的见解。在这几种观点中，相同点在于都强调了"需要"与人的生存、发展状况密切关联，是主体对一定的客体关系的反映，而不同点体现在以下几个方面：

首先，对"需要"的主体规定不同。一些学者认为"需要"的主体是一切生物有机体，包括动植物在内；而另外一些学者则认为，"需要"的主体特指人类，因为人和动植物的生存状态有着本质上的差别。在理论研究和现实生活中，需要有广义和狭义之分。广义的需要不仅指人的需要，而且包括动植物的需要，"它表征着生命体存在的状态，是生命体与外部世界的一种特定关系"。① 狭义的需要即我们通常所说的人的需要，"是人与外部世界的一种特定关系"。② 为了避免引起一些误解，本文的研究对象专指狭义上的需要——人的需要。同时，人的需要有个体需要、群体需要和社会需要之分。③ 一方面，个体需要离不开群体需要和社会需要。社会是代表群体来维持分工合作体系的力量，"这个体系是持续的超过个人寿命的，所以有超出个人的存在、发展和兴衰"。④ 所以，只有在共同体中，"才可能有个人自由"。⑤ 但是，"社会的目的还是在使个人能得到生活，就是满足他不断增长的物质及精神的需要。而且分工合作体系是依靠个人的行为而发生效用的，能行为的个人是个有主观能动性的动物，他知道需要什么，希望什么，也知道需要是否得到了满足，还有什么期望。满足了才积极，不满足就是消极。所以他是活的载体，可以发生主观作用的实体"。⑥ 正是在这个意义上，集体、社会、个体是相互配合、永不分离的实体，而人的需要是个体需要和群体需要、社会需要的统一，因此，本文以历史唯物主义视角来对人的需要进行探讨，以期进一步深入研究需要理论。

其次，对需要的属性理解不同。一些学者认为，需要是主观的，他们主张从人的"主观"需求上来阐释人的需要；也有一些学者认为需要是客观的，他们偏重于从客观方面来分析需要；而另外一些学者则从主客观相联系

---

① 马捷莎：《对人的需要属性的思考》，《教学与研究》，2006年第2期。
② 同上。
③ 社会需要是整个人类社会的共同需要，而群体需要是某个特定集体的共同需要。
④ 费孝通：《个人·群体·社会——一生学术历程的自我思考》，《北京大学学报（哲学社会科学版）》，1994年第1期。
⑤ 《马克思恩格斯文集》（第1卷），人民出版社2009年版，第571页。
⑥ 费孝通：《个人·群体·社会——一生学术历程的自我思考》，《北京大学学报（哲学社会科学版）》，1994年第1期。

的角度来分析需要,他们认为需要不仅有主观性,而且有客观性,是主客观的统一。在需要的定义上,不能把需要仅仅看作单纯的"主观需要"或者是"客观需要",也不能把需要等同于某种"状态"。正确的做法应当是,把需要放在一定的动态的社会发展动力系统中来研究,只有这样,才能真正把握住马克思主义需要理论的精髓,才能在理论上科学地把握需要的本质,才能在实践上真正实现人的各种合理需要。也就是说,人的需要不仅表现了人的主观的一系列心理活动,而且反映了人对社会发展、人的发展状况的依赖。

通过上述分析可知,"需要"是反映主客体关系的范畴,是主体在和客体的相互作用过程中,主体根据其自身的存在状况而对客观事物的多种可能性关系进行评价、选择的过程。它是主体自由自觉的本质力量的一种体现。这种本质力量不仅存在于人的主观思维过程中,而且存在于人的实践活动当中。

首先,需要表征了人们对社会发展状况和人的发展状况的依赖性。需要不是随意产生的,而是基于一定社会发展状况和人的发展状况而产生的。人有什么样的需要,应当从主体与客观事物的联系上来解释。一方面,人的主体结构决定人的不同需要。也就是说,在需要的产生过程中,离不开主体自身诸如"知识、情感、意志、能力"等诸因素的有机整合。另一方面,一定社会发展状况决定人的不同需要。这使需要的产生要以客观存在的社会、自然界为内容和参照,所以,社会的经济因素、社会政治制度、社会文化、自在自然界、人化的自然都会影响人的需要的产生。可见,只有将需要理解为社会发展状况和人的发展状况的依赖性,这样才能把握好需要的定义。

其次,需要是主体所意识到的需要。

与动物的无意识的、盲目的需要不同,人的需要是在社会发展和人的发展状况的基础上,对自身的存在和发展条件的缺失或期待状况的观念性把握而产生的。兼而言之,人总是会根据自身的缺失或期待状况来把握需要,也就是说,人的需要总是要反映主体的情感、意志和目的。由于人的目的总是"指向未来能满足人的需要的某种事物或行动,是人对需要的一种体验形式"[1],所以,人的目的必然包含着人的意识的主动性、计划性等丰富内容,这些内容反映到人的需要上,就使人的需要成为一种有意识的需要。

最后,实践是使需要从理想到现实转化的桥梁。

---

[1] 刘诗白、邹广严:《新世纪企业家百科全书·第4册》,中国言实出版社2000年版,第2592页。

哲学视野中的需要理论研究

要使人们对社会发展状况和人的发展状况的依赖性变成现实，要使人的存在和发展条件的缺失或期待状况得到满足，就需要在主体和客观世界之间建立一个互相联系的中介和桥梁，这个中介和桥梁就是实践。尽管人的需要是一种意识到的存在，但是，人的需要必然要以一定的社会实践活动为存在条件。也就是说，只有在一定的社会实践活动中，人的主观需要和客观对象之间才能获得内在的统一。一方面，人们虽然意识到自身的某种需要，若他们不通过一定的实践活动来满足这些需要，需要的实现就只是一种空想；另一方面，尽管人的需要符合社会发展规律，具有客观性，但是，若这些需要不是主体所意识到的，那么，他们也不会主动通过一定的实践活动来满足这些需要。

总之，本文赞同"动态需要论"对需要的定义，即需要是人们基于"社会发展和人的发展状况而产生的对人的存在和发展条件的缺失或期待状况的观念性把握"[①]。在这个定义中，一方面，以唯物主义的立场来强调需要产生的客观性前提，另一方面，以唯物主义实践观为依据来彰显人的主体性，即人主动去评价和追求自身的需要，这在避免主观主义的同时，也避免了客观主义的局限性，并且在实践的基础上，达到主客观的内在统一。只有这样，才能把握住需要范畴的科学内涵，有利于满足人的各种需要，实现人的自由和全面发展。

二、需要理论的内涵[②]

在当今以经济全球化和市场经济为背景的时代，人的需要越来越受到社会的普遍重视。在现实生活中，个人的进步、社会的发展，都是人的各种需要不断地得到满足的过程。随着对人的需要的关注，对"需要理论"的深入研究已经成为社会发展中十分迫切的课题，需要理论的内涵包括以下几个方面：

其一，在需要的产生上，人的需要是实践活动的内在动机和力量源泉。对于现实的人来说，他们的生命活动总是从自身的不同需要开始，并以此来展开主体对客体的需求关系，最终形成五彩缤纷的现实的感性的世界。也就是说，现实的人为了自身的生存和发展，他们会不断地认识自身的某种需

---

① 阮青：《价值哲学》，中共中央党校出版社2004年版，第58页。
② 董晓飞：《需要理论的科学内涵及其意义》，《哈尔滨市委党校学报》，2012年第3期。

要，并使之转化为主体的欲求和目的，以此来引导和促进人们进行各种各样的社会实践活动。因此，需要不仅是人类进行各种实践活动的原始动力，而且也是建立人与外界关系的初始原因。① 对于每一个现实的人来说，他们都会经历"需要的产生→需要的满足→新的需要的产生→新的需要的满足"这样一种连续不断的循环发展进程，而现实的人也正是以此来展示自己实践活动的内在价值。可见，在现实生活中，主体正是为了满足自己的某种需要才去进行不同的实践活动。在实践活动中进一步展现出主体的积极性和创造性，最终促进人类社会的不断发展。

其二，在需要的评价上，对需要进行评价是实现人的需要的前提条件。每个人都有自身的某种需要，但是，为了实现这些需要，必须要对人的需要进行评价，以确定它们是否是合理的需要。因此，应当把人的需要放在一定的社会历史条件下进行合理的评价，通过对需要本身和需要的发展规律的评价，来确立人的不同需要的科学评价标准，在此基础上，人们根据需要评价标准进行合理的选择，最终来促进人的需要的实现。因此，在需要理论的体系中，对需要进行评价是实现人的需要的前提条件。

其三，在需要的实现上，人通过一定的实践活动来不断满足和实现自身的不同需要。为了实现人的需要，主体在得出一定的评价结果之后，应当进一步对自身的合理需要进行选择，使人的需要从理想向现实转化，以此来推进需要的最终实现。因此，需要的实现是主体利用一定的生产工具，对客体进行改造的能动过程。在现实生活中，尽管人的需要多种多样，不仅有人的自然需要，而且有社会关系需要，但是，人的需要在本质上是一种社会性的需要，也就是说，自然界不具备满足人们日益增长的各种需要的特定属性，所以，为了不断满足人的各种需要，人们通过能动性的实践活动，不仅主动满足自身的不同需要，而且不断创造出属于人的需要。②

总之，需要理论作为马克思主义人学最新的研究成果，它进一步丰富和拓展了哲学的研究领域，这不仅使我们对当前社会问题的研究有了新的理论视角，而且对于推动社会的不断发展、实现人的自由和全面发展，都具有重要的现实意义。

---

① 张树琛：《探索价值产生奥秘的理论——价值发生论》，广东人民出版社2006年版，第45页。
② 陈翠芳：《主体需要的合理性是价值判断合理性的标准》，《湖北大学学报（哲学社会科学版）》，2005年第2期。

第二节 需要的本质

需要理论作为一种理论体系，它主要对需要的本质、需要的发展规律等问题进行研究。如何正确理解需要的本质，是需要理论必定要面对的一个重要问题。笔者认为，对需要的本质不能作抽象的理解，而是应当对其作具体和全面的理解，即从历史唯物主义和辩证唯物主义出发，把需要本质的系统内涵即"需要的主体性、需要的客观性、需要的实践性"三者统一起来，把促进需要的实现和推动社会的发展看作人的需要本质的能动展开和实现过程。

一、需要的主体性

所谓需要的主体性，是人们在认识和实现自身需要的过程中所表现出的主体特有的属性。因此，需要的主体性可以看作现实的人在实践活动中表现出的一种自觉、自主和选择的状态。

1. 自觉性

自觉性作为人的一种意志品质，是指一个人不仅能够对自己的愿望有"明确清晰的认识"[1]。同理，人们在认识自身需要的过程中，既可以对自身的需要进行明确的认识，又会进一步支配自身的行动，有利于需要的实现。因此，人的需要具有一定的自觉性。

从哲学上来说，人的需要具有自觉性，这是现实人的需要区别于动物的需要的一个根本标志。对于人和动物来说，两者都有自身的某种需要，但是，人的需要与动物的需要存在着根本的区别。也就是说，虽然动物也知道满足它们的需要，但它们仅仅是盲目、被动地从自然界索取物质资料，在索取的过程中，它们也只是按照"它所属的那个种的尺度和需要来建造"[2]。因此，动物的需要具有盲目性、被动性的特点。与此不同，人类能够把对自然本能的追求提升为主体的自觉的有意识追求，从而使"有意识的生命活动把人同动物的生命活动直接区别开来"[3]。然而，人的自觉性不是与生俱来的，而是以人的需要的产生为基础的。也就是说，自从人类脱离动物界之

---

[1] 时蓉华：《社会心理学词典》，四川人民出版社1988年版，第67页。
[2] 《马克思恩格斯选集》（第1卷），人民出版社1995年版，第47页。
[3] 《马克思恩格斯选集》（第1卷），人民出版社1995年版，第46页。

后，他们为了自身的生存和发展，首先会明确自身的某种需要，因为人的需要实际上代表了主体的行动目标，在这种目标的指引下，人们逐渐形成了某种自觉意识，这种自觉意识使人们能够把自己同周围环境区别开来，并进一步促进主体对客观事物进行认识和改造，不仅从自然界中直接获取了各种需要，而且能够"按照任何一个种的尺度进行生产"①，以创造出满足自身需要的各种产品，使人的活动既超越了动物的本能性需要，又使人的需要具有多样性的特征，最终促进需要的实现。

总之，自觉性是需要主体性的重要方面。一般来说，在现实生活中，人的各种实践活动都是通过人的自觉性而展开的，正是在这种自觉性的引导下，现实的人不断对客观事物进行改造，以满足自身的多样化的需要。

2. 自主性

所谓自主性，是指人类在处理自身与他物的关系时，所表现出的"自我主导性、自我决定性等主体性特征"②。自主性是人之为人的内在规定性，也是人区别于动物的本质特性。而我们说人的需要具有自主性，是说行为主体具有按自己意愿行事的动机和能力。正是人的这种自主性，使现实的人能够自由、自觉的追求自身的合理需要，促进自我价值的实现。

人的自主性的形成和发展与需要有紧密的联系，一方面，需要是自主性形成的前提。也就是说，在现实生活中，为了满足人的某种需要，为了人的生存和发展，人们必定会占有现有的生产力总和，其目的正是充分发挥自身的自主性，以此来"实现他们的自主活动"③，从而使一切客观的自然条件、社会条件置于自身的需要的合理控制之下，最终使自己成为社会结合的主人，"从而也就成为自然界的主人，成为自己本身的主人——自由的人"。④另一方面，人的自主性的形成也是有条件的，即只有当人们认识到自身的需要是真实的需要的时候，他才能够按照自己的意愿来行事，才能形成真实意义上的自主性。关于这一点，马克思曾经指出，在资本主义社会，由于人的劳动受到异化，人的劳动对工人来说是外在的，"他的劳动不是自愿的劳动，而是被迫的强制劳动"，⑤这种劳动不是满足人的某种需要，而是满足劳动外的需要的某种手段。在这种情况下，人的需要发生了异化，劳动者也失

---

① 《马克思恩格斯选集》（第1卷），人民出版社1995年版，第47页。
② 李淮春：《马克思主义哲学全书》，中国人民大学出版社1996年版，第898页。
③ 《马克思恩格斯文集》（第1卷），人民出版社2009年版，第581页。
④ 《马克思恩格斯选集》（第3卷），人民出版社1995年版，第760页。
⑤ 《马克思恩格斯文集》（第1卷），人民出版社2009年版，第159页。

去了判断自身的需要是真实需要还是虚假需要的能力,所以,这时的劳动者根本就没有自主性可言。

可见,对于每一个现实的人来说,都具有自主性的秉性和倾向,但是,这种自主性的产生和发展要受到需要本身条件的制约,因此,人们只有在全面认识自身需要的基础上,才能充分发挥自身的自主性,并为需要的实现创造条件。

3. 选择性

所谓选择性,是指"能按一定要求、标准进行挑拣、择取的一种性能"①。人们能够在自身自觉性、自主性的基础上,进一步主动认识自身的不同需要,然后对这些需要进行合理的选择,以促进需要的实现。

为了自身的生存和发展,人们必须要通过一定的选择活动来满足自己的需要。因此,人们是在实现自身需要的过程中所形成自身的选择性的。一个人的需要越丰富、需求层次的等级越高,他的选择性就越强。也就是说,每个人都有求生和发展的需要。而在实现自身需要的过程中,由于受到主体自身认知水平和实践能力的制约,他们并不能区分出哪些是合理的需要、哪些是不合理的需要。这时,就应当充分发挥主体自身的自觉性、自主性,对这些需要进行合理的选择。然而,主体在对自身需要进行选择的过程中,必然会遇到客观环境对人的选择活动的影响和制约。但是,主体在面对这些障碍时不会无动于衷,而是会作出相应的行为,即主体会进一步对客观环境进行认识和改造,从而形成了主体与客观事物之间的某种联系,这种关系也是主体对客体满足自身需要的一种选择。正是在这个意义上,马克思深刻地指出"凡是有某种关系存在的地方,这种关系都是为我而存在的"②,而动物根本没有主体意识,也就根本没有这种所谓的"为我而存在"的关系。所以,这种"为我而存在"的关系正是主体自主性的进一步展开,它以自身作为主体,把一切的客观事物看作客体,从而使主体积极能动地对客观事物进行改造,以选择适合自身的各种需要。而人们在选择自身需要的过程中,不仅改变了周围的客观世界,而且改变了自己的生活方式。

可见,主体在社会实践活动中所展示的对客体的选择关系,不是一种纯粹的生物学意义上的自然关系,而是按人的生活方式同外界事物所发生的为我的关系。

---

① 邓治凡:《汉语同韵大词典》,崇文书局2010年版,第527页。
② 《马克思恩格斯全集》(第3卷),人民出版社1979年版,第34页。

二、需要的客观性

需要的客观性是需要理论本质的重要方面。但是，由于学界长期把"需要"理解为主观的心理学范畴，从而忽视了对需要客观性的深入研究。笔者认为，之所以说人的需要是客观的，这主要是因为人的需要不是从自己的头脑中想象产生的，而是现实的人对客观世界的一种必然的依赖性，因此，只有探寻人的各种需要背后产生的根本动因，只有从现实的客观条件来解释人的各种需要，才能科学地说明这一切。需要的客观性主要包括以下几个方面：

1. 需要的产生受自然界和社会历史条件的制约

由于人是自然界的存在物，因此，每个人都会受到自然界的影响和制约。同时，人是社会关系的总和，他作为一种社会的存在物，必定要受到一定社会关系的制约。因此，人类存在的这种二重性特征，决定了人的需要必然会受到自然界和社会生产方式的双重制约。

首先，需要的产生受自然界的制约。人类是自然界的一部分，人和自然界组成一个不可分割的有机整体。自然界作为人类的栖身之所，是人类赖以存在的基础。没有外在的自然界，人类是无法存在的。因此，人类的产生是自然界不断演化的结果。自然界经过千百年的演化和变迁，逐渐形成了适合人类生存的自然条件。也就是说，没有自然界的发展变化，就不会有人类的出现。由于人类历史产生的第一个前提是有生命的个体的存在，如此一来，人类的出现才进一步促进了人的需要的产生，人和人的需要在自然界中产生，这说明，人的需要必然要受到自然规律的影响和制约。所以，马克思指出，"我们的肉、血和头脑都是属于自然界和存在于自然之中的"。[①] 正是在这个意义上，我们认为需要的产生受自然界的制约。

其次，需要的产生受社会生产方式的制约。人又是一种社会的存在物，他受到社会生产方式的制约。与一般性的动物不同，现实的个人为了生存，必须要生活在一定的社会关系之中，并受到客观社会条件的制约。因为现实的个人为了满足自身的不同需要，必须要依赖于一定的物质生活资料，而要取得这些物质生活资料，他们就必须进行生产，正如马克思、恩格斯所指出的："他们是什么样的，这同他们的生产是一致的。"[②] 可见，只有

[①] 《马克思恩格斯选集》（第4卷），人民出版社1995年版，第384页。
[②] 《马克思恩格斯选集》（第1卷），人民出版社1995年版，第67—68页。

当客观环境给人类提供了满足自身需要的各种条件时，人们才会产生某种需要。例如，在原始社会，人们只是关注填饱肚子的需要，他们不可能会想到去追求现代人那种坐飞机、乘高铁的需要，这正是因为社会生产力发展水平的不同会引起人的需要的不同。同样，在共产主义社会，随着个人的全面发展和生产力的巨大增长，社会不仅消除了劳动分工，而且脑力劳动和体力劳动的对立也随之消失，此时，"按需分配"成为个人消费品的分配方式。在这种情况下，人们的需求方式与以前社会也会有很大的不同。所以，人的需要从本质上说是一种社会性的需要，它是由社会产生的，并随着社会的不断发展而发生变化，即只有在"社会关系中才能得到满足并进而产生新的需要"①。

综上，需要的产生不仅以自然界为基础，而且要受到社会历史条件的制约。所以，需要的产生受自然界和社会生产方式的双重制约。

2. 需要的满足受自然界和社会历史条件的制约

首先，需要的满足受自然界的制约。一方面，自在自然界能够不断满足人的自然需要和精神需要。其一，自在自然界能够不断满足人的自然需要。在日常生活中，人们把自然界作为直接的生活资料，来不断满足自身的自然需要。正如饥饿作为人的一种自然需要，人们为了"使自身得到满足，使自身解除饥饿，它需要自身之外的自然界"。② 其二，自在自然界能够不断满足人的精神需要。"自在自然界"作为原生态的自然界，它不仅有美丽的自然风光，而且有宁静的自然环境，这使人们感到无限的精神享受，从而不断满足人的精神需要。另一方面，人化的自然界能够不断满足人的需要。人的实践活动通过改造自在自然界来不断满足人的需要。也就是说，在自然人化的过程中，为了满足自身的某种需要，人们会不断改变原先自在自然界对自身需要满足的优势，使这种优势不会因为社会的变迁而消失。例如，在自在自然界中，各种水果是人们生存所必需的，但是，随着社会的发展，人口的增长，这些水果远远不能满足人的需要，于是，人们就会通过劳动实践来种植更多的优良品种的水果来供人们享用，以此来促进人的需要的满足。

其次，需要的满足受社会生产方式的制约。尽管需要体现了人的主体能动性，即人能够主动地认识客观事物，并对人的需要对象进行积极的改造，以实现自身的需要。但是，从根本上来说，人的需要会受到社会生产方

---

① 袁贵仁:《价值学引论》，北京师范大学出版社1991年版，第150页。
② 《马克思恩格斯全集》（第3卷），人民出版社2002年版，第325页。

式的制约，从而使人的需要表现出客观性特征。在一定的社会条件下，人有什么需要，以及如何来满足自身的需要，这由一定的社会生产状况来决定。也就是说，在不同的历史时代，人们满足需要的方式和手段就会有所不同。在原始社会，人们总是通过男耕女织的手段来满足人的物质需要；在资本主义和社会主义社会，社会用工业等高科技手段来满足人的各种需要；而在未来的共产主义社会，社会则利用第三产业来满足人类的不同需要。这是人的需要不断变化发展的普遍规律。

可见，需要的满足不仅受到自然界的影响，而且受到社会历史条件的制约。所以，自然界和社会历史条件是满足人的需要的重要条件。

3. 人的需要是现实的和历史的

当人脱离动物界之后，就组成了由一定社会关系为纽带的社会，在这个社会中，人的需要受到一定社会因素的制约，由于社会是不断发展变化的。因此，处在一定历史阶段的人们的需要也会随之发生变化，从而使人的需要具有现实的和历史的特性。

根据马克思主义唯物史观，需要和生产是辩证的互动关系，尽管我们说需要是生产、生产也是需要，这体现了需要和生产相互决定的特性。但是，从根本上来说，需要受生产的决定和制约，并随着社会生产的发展而变化。同时，又由于人的需要是在社会实践活动过程中产生和得到满足的，而人的劳动实践作为一种现实的、感性的历史性活动，它会随着经济社会的发展而不断发生变化，在此基础上，又会进一步引起人的需要的不断变化。因此，人的需要不是静止的、一成不变的，"'需要'有一个极大的特点，就是不断增长和更新"。[①] 在这个发展变化的过程中，每一位现实的个人的需要不断得到完善和发展，并进一步充实人的本质力量，从而增强人的主体能动性。所以，在不同的历史时代，人们具有不同的需要，从而使人的需要也具有不同的内涵。由此可知，人的需要由社会产生，需要的尺度是现实的和历史的，只有在具体的社会环境中分析、探讨人的需要，才能科学地把握好需要的社会制约性。

总之，需要的客观性表明，需要的产生和发展都要受到自然界和社会历史条件的制约和约束。因此，人的需要是现实的和历史的。也就是说，现实的个人为了生存和发展，必然依赖于外部的客观世界，正是这种对客观世界的依赖性构成了作为主体的人对客体的世界的需要关系，并使得人们取得某

[①] 李德顺：《价值论》，中国人民大学出版社2007年版，第115页。

种需要和利益。所以，人的社会性决定了需要的客观性，使需要表征着人对外部世界一定的依赖关系。

三、需要的实践性

需要的本质不仅包括主体性和客观性，而且包括需要的实践性，正是需要实践性的存在，才使人的主观需要与客观需要达到内在统一，并促进需要的不断实现和满足。

1. 实践是主观需要和客观需要的统一

在对人的需要本质的理解上，以前的哲学家要么把人的需要看作主观需要，即人们以为他们所拥有的东西与应当具有的东西的差距；① 要么看作客观需要——不以人的主观观念为转移，人们应当或者不应当具有的东西。② 而需要理论与传统的需要观不同，需要理论扬弃了以前哲学家片面强调单向度的客观性原则或主体性原则，认为在实践的基础上，不仅体现人的主体能动性，而且也表征人的需要的客观制约性，从而实现人的主观需要和客观需要的内在统一。人与动物的需要不同，动物为了满足自身的需要，只会被动地适应客观世界，只能按照它们"种"的特性进行"生产"；而人类为了满足自身的需要，却能够按照自身的目的和愿望来认识客观事物，在此基础上，并对客观世界进行改造。因此，人类能够按照任何一个"种"进行生产。也就是说，要实现人的不同需要，必须要突破动物"种"的特性，并借助于一定的实践活动，对客体进行劳动改造，以满足自身物质上和精神上的缺乏状态。如果人的需要仅仅局限于主观的心理状态，而没有付诸实践活动，他的需要将永远停留在主观的"想要"限度内；同样，若人的需要只是停留在现实的状态，而不去发挥人的主体能动性，去创造和追求人的需要，同样不能使需要变为现实。可见，无论是在评价人的需要，或者是选择人的需要，都应当既扬弃旧唯物主义只从客体和直观的形式来理解客观事物；又要超越唯心主义片面地强调人的主体性原则，而是"把它们当作感性的人的活动，当作实践去理解"③，这样，才能实现以实践为基础的主观需要与客观需要相统一的双重存在。由于实践是人的存在方式，是主客体相统一的活

---

① [东德] 凯特林·勒德雷尔：《人的需要》，邵晓光、孙文喜、王国伟、王晓红译，辽宁大学出版社1988年版，第290页。

② 同上。

③ 《马克思恩格斯选集》（第1卷），人民出版社1995年版，第54页。

动，因而在需要理论的视野里，人的存在既包含了人的主体能动性，又体现了客观规律性，"既避免了唯心主义也避免了唯物主义"。① 所以，实践是主观需要与客观需要的统一。

2. 实践是需要产生和发展的基础

在现实生活中，为了自身的生存和发展，人们通常会通过一定的实践活动来和客观世界进行接触，这时，他们便开始了一种"需要—创造"的进化方式，这种实践方式进一步促进了需要的产生和发展，因此，实践是需要产生和发展的基础。

首先，实践是需要产生的基础。由于人类的诞生与需要的产生紧密相连，而人类产生的实质在于人们对客观世界的认识和改造。因此，需要的产生不是随心所欲的，而是受到一定社会历史条件的制约。所以，对于每一个现实的人来说，他们在对客观的物质世界认识的基础之上，通过一定的具体的实践活动，来对客观世界进行改造，从而促进人的需要的产生。然而，在现实生活中，人的需要具有一定的客观性，即需要会受到特定的生产力和社会关系等社会因素的制约。随着社会的不断发展变化，人的实践活动方式、实践目的也会发生一定的变化，这进一步推动了人的需要的不断变化，于是就产生了各种新的需要，而新的需要又会不断地引起新的实践，如此反复，最终促进需要的实现和人类社会的不断发展。

其次，实践是需要发展的基础和动力。在实践活动中，主体对客体的改造既促进了需要的产生，又促进了人的需要的发展。因此，实践不仅是需要的来源，而且也是人的需要不断发展的动力。另外，由于实践的不断发展变化，人们会不断地进行创造性活动，来进一步促进需要的产生和发展，最终形成一个无限发展的辩证循环过程。在现实的社会实践中，人们通过一定的实践活动来主动去认识和改造客观世界，不断促进需要的产生。但是，人们永远不会满足当下的现实的需要，而是在实践的推动下，不断地改变现实，来进一步推动需要的发展。也就是说，随着社会的不断发展和人们生存需要的满足，人们又会产生新的需要，这时，为了进一步满足人的某种新的需要，人们需要进行创造性的实践活动。可见，正是由于人类具有用自己的实践活动来满足自身的需要的本性，所以，人类不仅能通过实践活动使自己的需要多样化，而且还会不断地提高自身需要的质量。于是，"需要刺激了

---

① [英] 戴维·麦克莱伦 (David Mclellan)：《马克思思想导论》，郑一明、陈喜贵译，中国人民大学出版社 2008 年版，第 28 页。

创造，创造满足了需要，同时又刺激起新的需要，新的需要又导致新的创造"，① 如此反复，不断循环，而每次循环都把人类自身推向一个新的、越来越完美的发展阶段，从而进一步把人类社会推向前进。

总之，实践是需要产生和发展的基础和动力。由于实践是从低向高一步步发展的，因此，随着实践的不断发展，人的需要也不断地由低向高、由单一向丰富的方向发展。

3. 实践是人的各种需要得到满足的根本保证

实践是联系主体需要和客观需要的中介，在需要实现的过程中，只有通过一定的实践活动，才能促使主体对客观事物进行认识和改造，最终满足人的各种需要。因此，实践是满足人的需要的根本保证。

首先，实践是人们选择合理需要的保证。在日常生活中，人具有多样化的需要，但是，人们在选择这些多种多样的需要时，会陷入困惑之中。也就是说，由于受到客观历史条件的制约和自身主体因素的约束，人们往往不能准确判断需要的属性，即哪些需要是合理的需要，哪些需要是虚假的需要。在这种情况下，要科学判断需要的真假和好坏，这在相当大的程度上要取决于主体的实践能力和实践活动。因为人们只有通过一定的实践活动，才能检验这些需要是否能够促进人的发展以及社会的进步。只有这样，人们才会进一步去选择那些具有现实可能性的合理需要、抛弃那些虚假的需要，从而使主体对客体的选择关系得以确立。

其次，实践是满足人的需要的保证。一定的实践活动建立了主体对客体的选择关系，这一方面表明了主体已经确立了明确的价值目标，另一方面也说明人的需要并没有得到完全实现。在这种情况下，主体为了尽快满足自身的需要，他必然通过一定的实践活动来改造客体，使客体的潜在需要转变为现实的需要，并使这种现实的需要成为适合自身需要的形式。例如，客观的自在自然界由于能够满足人的需要，人们就会利用一定的手段来对自在自然界进行合理改造，使"自在自然"转化为"人化自然"，最终促进人的需要的满足和实现。可见，离开人的实践活动，不仅主体不能正确认识客体，而且客体也不可能自动转化为主体的各种需要。因此，实践活动既是人们进行正确需要选择的保证，也是满足和实现人的各种需要的保证。

总之，需要的本质不仅包括主体性和客观性，而且包括实践性。人的实

---

① 章韶华：《需要—创造论——马克思主义人类观纲要》，中国广播电视出版社1992年版，第52页。

践活动既创造了主体的需要，又克服了人的需要的客观性的不足，最终在实践活动的基础上，实现了人的多方面的需要。因此，人的需要的主体性、客观性和需要的实践性三者联系在一起，共同构成一个完整的需要本质系统。

第三节 需要的特征

需要与社会生产是互动的辩证关系，在社会生产推动人的需要的发展变化的同时，人的需要也引起了社会生产的变化，从而使需要表现出了其本身的特有属性。在社会发展的不同时代，人的需要受到社会经济关系、政治制度、文化环境等因素的影响，从而使需要具有主动性和受动性的统一、稳定性和变化性的统一、社会性与自然性的统一的显著特征。

一、主动性和受动性的统一

人的需要作为人与外部客观世界的一种关系，从需要的产生到满足的过程中，人的需要既体现出主动性的特征，又表征了受动性的特点，是主动性和受动性的统一。

一方面，对于每一位现实的人来说，他们都有各种各样的需要。但是，每个人从出生那天起，他的需要就受到自然因素和社会因素的制约。例如，在需要产生的过程中，人的需要不仅要受到自然界的影响，而且要受到社会因素的制约；在需要的评价中，尽管评价的客体是人的某种需要，但是，由于人的需要依赖于客观世界，因此，人的评价活动要受到社会发展规律的制约；同样，在需要的选择中，人们也不能随心所欲地进行选择和创造，因为人的需要会受到既定的生产力、生产关系以及其他社会历史条件的制约。也就是说，人们不能随心所欲地创造历史，"而是在直接碰到的、既定的、从过去承继下来的条件下创造"。[①] 正是这些原因，人的需要具有受动性。另一方面，尽管需要具有一定的受动性，但是，由于人的需要不是客观社会现实条件的简单复制品，人们在对需要进行评价和选择的过程中，充分体现出了自身的主体能动性。由于人们对需要的评价代表了人的精神活动，而人们对需要的选择则体现了人的实践活动，因此，主体的能动性包括意识的能动性和实践的能动性两个方面，其中，实践的能动性是最为根本的。

---

① 《马克思恩格斯全集》（第11卷），人民出版社1995年版，第131页。

首先，虽然需要是社会生产力发展状况的结果，但是，在需要评价的过程中，人的主观因素也发挥了重要的作用。一般来说，人们会通过自身的自觉性和自主性来对客观现实条件进行合理的评价和分析，以判断自身的需要是否是合理的和真实的需要，这使人的主体性发挥了重要的作用。其次，人们在对自身的需要进行选择的时候，也同样发挥了自身的实践能动性特征。也就是说，人们在正确评价的指导下，能够进一步能动地改造客观世界，并且创造出适合主体所需要的东西，最终促进需要的实现。

可见，人的需要就是在外在客观现实性和内在的主体能动性的共同作用下产生和发展的，从而最终表现为受动性与主动性的内在统一。

二、稳定性和变化性的统一

在社会发展的过程中，一些需要会随着社会的发展而不断变化，而另外一些需要则会由于社会的发展逐渐成为人们的一种习惯的心理倾向和生活方式。所以，人的需要具有稳定性和变化性相统一的特性。

一方面，人的需要具有很大的稳定性。由于稳定性是相对于不稳定性而言的，因此，在某种意义上来说，所谓人的需要具有稳定性，是指人的需要的一种稳定状态，这种稳定状态是维持人类自身相对不变化的能力或程度。对于每一个主体的特定需要来说，其稳定性的高低主要取决于主客观等一系列因素。首先是需要的主体结构，即人的知识、情感、意志等因素，也就是说，需要结构越复杂，其稳定性也就越高。因为需要结构的复杂性意味着人的主体能动性越强，主体就会越具有一定的自觉性和自为性，从而表现出正确判断自身合理需要的能力。所以，人们对自身所需要的东西往往会自动转化为主体的一种习惯的心理倾向和生活方式，从而使主体在评价和选择自身的需要时，展现出很大稳定性。其次，需要的稳定性与客观的环境有必然的联系。也就是说，在不同的历史时代，生产力总是在不断发展变化、生产关系也在不断变迁。而社会越是发达，人们会接触更多的新事物，这不仅开阔了人的视野，而且也使人的需要发生变化；相反，越是在欠发达的地区，人们的需要不仅相对单一和贫乏，而且也趋向稳定。例如，在原始社会，尽管人们的生活方式存在很大的不同，但是，人们都有追求自身的生存需要的天性，因为只有人们最基本的生存需要得到满足后，才能进一步完善和发展自身，并从事更高级的创造活动。正是这些原因，才使人的需要具有很大的稳定性。另一方面，人的需要又具有一定的变化性。由于每一个人都是生活在特定的历史时代,因此,人的需要与客观的社会历史条件相联系,并呈现出鲜明的时代特色。也就是说,在不同的社会历史时期,人的需要会发生很大的变化。例如,在古代社会,由于当时的社会生产力水平极其低下,因而人的需要十分单一和贫乏,即人们仅仅知道追求和满足自身最为基本的生存需要。然而,随着社会的不断发展,人们进入了现代社会,这时,人的需要日益丰富多彩,人们不仅知道满足自身的生存需要,而且在生存需要的基础上,会主动创造适合自身需要的各种产品,使主体在改造客观世界的过程中,进一步发展和完善自身,促进自身能力的发展。在这种情况下,人的需要就表现出变化的特性。

可见,随着社会历史的演进,人的需要在不断变化,这时,主体应当根据需要变化的事实,主动追求适合自身发展和社会进步的各种需要,以促进自身的全面发展。但是,需要的变化性又是以需要的稳定性为前提的,即不管社会多么发达,但是,人们都有满足自身生存需要的倾向,这是需要稳定性的真实写照。这些论述深刻表明,需要的稳定性和变化性是辩证统一的关系。

三、自然性与社会性的统一

"社会与自然"的关系是需要理论研究中十分重要的哲学范畴,人的需要正是在自然性的基础上,实现了自然性和社会性的统一。

一方面,人的需要具有自然性。人作为一种自然性的存在,人的需要会受到自然因素的影响和制约,从而使人的需要体现出自然性的特征。首先,需要的产生受自然因素的制约。也就是说,自然性是人的需要得以产生的前提条件。因为人类历史的第一个前提是有生命的个人存在,这些个体首先是一种自然物质,他们的各项活动都要受制于自然规律。所以,现实的人为了生存,他们必须要与外界进行各种能量交换,"打破和挣脱生存威胁",[1] 以满足主体自身最基本的自然性需要。其次,需要的发展受自然条件的制约。人的需要产生之后,人们要对这些需要进行评价和选择,以促进需要的不断发展。然而,要促进需要的不断发展,仅靠主体自身的能力、知识等因素是难以达到的,这必须依靠自然界的发展规律,充分发挥地理环境、自然资源的优势,促进需要的不断发展。最后,需要的实现受自然条件的制约。自然界

---

[1] 李从军:《价值体系的历史选择》,人民出版社2004年版,第190页。

能够为人类提供必需的生存需要，为了使人们自身吃、喝、住、行等自然性需要得到满足，这需要自身之外的自然界。正如饥饿作为人的某种需要，它不仅满足了人的最基本的生存需要，而且是人的"本质得以表现所不可缺少的"[①]。另一方面，人的需要不仅具有自然性，而且具有社会性。也就是说，随着社会的日益发展和人的主体意识的不断增强，人们不会仅仅局限于满足自身的自然需要，而是会进一步通过一定的物质生产活动来不断改造客观世界，以促进自身社会需要的实现。而在实现自身的社会需要的过程中，人的一切活动都离不开一定的社会生产力、社会关系等社会因素的影响和制约，从而使人的需要体现出一定的社会性。首先，生产力发展水平决定着人的需要，也就是说，在不同的生产力发展水平下，人的需要往往会有所差异和变化。其次，生产关系也决定着人的需要。在不同的生产关系条件下，由于人们财产关系的不同，人们掌握的各种社会资源也会有很大的差异，这时，人们对自身需要的理解和评价也会有所不同，从而使人的需要带有社会性的痕迹。

可见，人的需要是自然性与社会性的统一。人的需要不仅是自然界不断进化发展的阶梯，而且是人的劳动实践活动的结果。一方面，需要的社会性以需要的自然性为基础，因为自然界是需要产生的前提和基础；另一方面，需要的自然性不是孤立存在的，而是要受到各种社会因素的制约，正如马克思所认为的，自然依赖于社会，只有在改造客观世界的过程中，"自然界才表现为他的作品和他的现实"。[②]

第四节　需要的类型

人的需要作为一个系统，是一个丰富多样化的领域。对于主体的现实形态来说，每个人的需要不仅有不同的范围，而且有不同的层次结构。对于客观世界来说，人的需要的客观结构也在不断发展变化。因此，人的需要在不同领域、不同时期具体地形成着和改变着，从而具有复杂的多样化的形态。所以，对于人的需要的类型来说，不同的人具有不同的角度和方式。

[①] 李从军：《价值体系的历史选择》，人民出版社2004年版，第190页。
[②] 《马克思恩格斯选集》（第1卷），人民出版社1995年版，第47页。

一、目前的需要与将来的需要

在现实生活中,每个人都有多种多样的需要,因此,按照需要的"迫切性"来划分,需要可以分为"目前的需要"与"将来的需要"两大类。

所谓"目前的需要",顾名思义,主要是指人们当前所产生和面对的某种需要。一般来说,在日常生活中,"目前的需要"主要包括人们当下生存发展所必不可少的食品、水、空气等;在工作学习中,"目前的需要"表现为努力进行科学研究,解决当下的紧急问题和困难。而"目前的需要"具有以下几个特点:首先,从时间维度来说,这种需要持续的时间短,迫切度相对较强。其次,从哲学特性上来说,由于这种需要是人们在同客观事物直接接触的过程中产生的,故这种需要常常具有经验性的特征。最后,在需要的实现上,由于"目前的需要"是人们当时所急需的需要,所以,这种需要具有当下性的特征,对于这种需要的满足也应当以快速的方式来解决。而"将来的需要"是指主体根据社会发展的要求,将来要满足和实现的某种需要。由于"将来的需要"包括那些迫切度不太强的长远需要,这些需要总是以抽象的方式来表现,如人们有希望将来成为科学家、艺术家的需要等。除此之外,将来的需要还有以下几个显著特点:首先,时间维度上,由于这种需要往往持续的时间比较长,因而具有一定的连续性。其次,在哲学形态上,将来的需要是人们在同客观事物间接的接触过程中产生的,在这个意义上,这种需要具有超验性的特征。再次,这种需要上,人们在很大程度上是从精神方面来获得满足,从而使这种需要具有精神需要的属性。最后,在需要的实现上,由于"将来的需要"是一种"迫切度"不太强的需要,所以,在主观上,更需要人们持久的韧性和毅力才能实现这种需要。

二、自然性需要与社会性需要

按照需要的内容来分类,可以将人的需要分为"自然性需要"和"社会性需要"。

所谓"自然性需要",是指人们为了维持自身生存和种族延续而表现出本能上的需要,这种需要包括吃、喝、住等最基本的自然性的需要。自然性需要的特点包括以下几个方面:首先,在需要的层次性上,"自然性需要"是人的最低级的需要。人的需要有很多层次,人不仅有自然性的需要、社会性的需要，而且有发展性的需要等。一般来说，"自然性需要"处于人的需要层次的最低阶段，因为只有当人的自然性需要得到满足了，才能进一步满足人的更高级的需要。其次，在需要的来源上，"自然性需要"是人与生俱来的天性，它是人们为了维持生命所必需的一种需要。也就是说，现实的人从出生那天起就要受制于自然规律，就要满足自身吃、喝、住、行等基本的自然性需要。最后，在满足需要的方式上，人的自然性需要和动物的自然性需要不同，动物的自然性需要只能直接从自然界中得到满足，而人的自然性需要不仅可以通过自然界得到满足，而且可以通过一定的实践活动在自然界和社会中得到满足。而"社会性需要"是指人们在社会生活中所得到的一种满足自身存在和发展的需要。例如，在现实的生活实践中，社会交往的需要、道德教育的需要等都属于社会性需要。社会性需要的特点包括以下几个方面：首先，从需要的来源上，社会性需要是人们在后天所得到的一种经验性需要。也就是说，只有当人们在一定的社会关系中才会有社会性的需要，而动物根本就没有这种需要。其次，在满足需要的方式上，社会性需要一般是人们通过一定的生产工具，对客体进行改造所获得的一种需要。"社会性需要"是人们在社会生活中产生和发展的需要，为了满足这种需要，人们必须通过一定的实践活动实现对客观世界的改造才能获得，而不是像动物那样仅仅依靠自然界的恩赐来获得自然性的需要。

可见，自然性需要与社会性需要是人的需要的两种主要形式。不断满足人的自然性需要和社会性需要，是促进人的生存和发展的关键所在。

三、内在的需要与外在的需要

根据人们获得需要的来源来分类，人的需要可以分为内在的需要与外在的需要两大类。

内在的需要是指主体的需要源于内心的欲望与追求。一方面，人的这种需要包括人的本性需要，诸如恐惧、渴望等；另一方面，这种内在的需要也包括在一定的社会关系中主体所产生的各种精神需要。例如，在现实的生活中，人人都会有追求荣誉的需要，这种需要体现了主体的内在的精神需求。可见，对于内在的需要来说，它包括以下特点：首先，在需要的对象上，内在的需要侧重于需要的精神性，而不太注重需要的物质性；其次，从动机和效果的关系上，内在的需要强调主体的动机性，不太重视外在的功利和效果，它总是通过满足人的精神需要来表达内心丰富的精神体验；最后，在满足需要的方式上，它常常通过道德商谈的方式，与主体进行沟通和对话，从而实现对方心理上的满足。而所谓"外在的需要"，是指在主体和自然界、社会等客观世界的依存关系中，所产生的某种物质上的需要。例如，自然界能够提供人类生存和发展所需要的各种资源，它能不断满足人的物质需要。同样，人类社会也能够为人们提供经济交往、政治互动的有利条件，从而实现人的物质需要。外在的需要具有以下特点：首先，在需要的对象上，外在的需要更加注重人的物质需要，忽略人的精神需要。其次，从动机和效果的关系上来说，外在的需要强调主体行动的效果性，忽视行为的动机，它总是力图通过满足人的外在功利性来表达人的幸福和快乐。最后，在满足需要的具体方式上，"外在的需要"经常通过对物的使用价值来满足人的需要。

可见，"内在的需要"与"外在的需要"作为人的需要的两个重要组成部分，两者联系紧密、相互转化、共同促进。首先，内在的需要与外在的需要联系紧密，共存在一个有秩序的需要系统中。人的需要是一个有秩序的整体系统，它是人的各种不同需要和谐共存的有机系统，作为人们内在的需要和外在的需要都客观地存在于这个系统中。在这个系统中，内在的需要往往蕴含在外在的需要之中，而外在的需要又常常体现出人的内在需要，从而使两者保持着千丝万缕的联系。其次，两者在一定条件下可以相互转化。由于人的需要受到一定的社会发展状况的影响，当社会环境条件发生了变化，人的需要也会发生变化，因此，在某个特定的历史阶段，人们会追求外在的需要，以满足自身的匮乏；而当社会条件发生了变化，人的需要也随之发生了变化。这时，人们又会去追求内在的需要来满足自身，如此一来，两种不同类型的需要就会发生转化。所以，正是由于内在的需要与外在的需要的相互联系和转化，才使得需要的系统保持着稳定和和谐。

四、真实的需要与虚假的需要

按照需要的性质来分类，人的需要可以划分为真实的需要与虚假的需要。

所谓真实的需要，就是指在社会发展过程中，某种满足主体的需要不仅是人们存在和发展所必需的，而且有利于个人和社会的和谐发展。真实的需要包括以下几点：首先，从主体方面来说，一方面，主体应当具备一定的认识能力和实践能力。现实的人在实现自身需要的过程中，每一个环节都要对客体进行一定的认识活动和实践活动，因此，良好的认识能力和实践能力是人们正确判断客体是否是真实需要的根本保证。另一方面，真实的需要反映了这种需要是主体所"必需"的,也就是说,不管是何种形式的需要,只要这种需要对主体的存在和发展有利、对社会的发展有推动作用,那么它就是真实的需要。其次,从客体方面来说,客体必须具备能够满足主体需要的属性、结构,而且客体的这种属性、结构是客观和具体的。这说明,客体作为主体满足需要的对象,其特点和结构是客观存在的,而不是抽象的,只有这样,主体才能有效地对客体进行改造,进而对实践成果进行消费,最终促进主体需要的实现。与真实的需要不同,所谓"虚假的需要",是指在社会发展过程中,某种满足主体的需要不仅不是人们存在和发展所必需的,而且不利于个人和社会的和谐发展。虚假的需要包括以下几点:首先,从主体方面来说,虚假的需要的产生主要是由于主体认识能力不足或者主体认识方法不科学等因素引起的。对于主体的认识活动来说,认识本来应当是主体对客观世界的能动反映,但是,由于受到时代的局限和人的认知能力的限制,人们不能做到对客观事物的有效和科学的认识,最终引起了虚假需要的产生。其次,从客体方面来说,一些特定的利益集团为了实现自身的利益,他们会通过意识形态、消费观等多种手段对人们进行误导,把他们的需求观强加在人们身上,从而在社会上形成一种与人的"真实需要"无关的"虚假需要"。在这种情况下,人们会误认为这些"虚假的需要"是"真实的需要"。可见,所谓真实的需要与虚假的需要的区别,并不在于客体能否满足主体的某种需要,而在于主体能否准确把握好自身的需要,是否能够用正确的手段来满足自身的需要。[1] 在我们社会主义国家,随着社会的不断发展,人们能够自主选择、实现自身的真实需要,克服、摆脱虚假需要,真正成为自然界和人类社会的主人。

五、个体需要与共同体需要

从需要的主体来划分,人的需要可以分为个体需要和共同体需要。

所谓个体需要,是指"本身归结为自然主体的那种个人的需要"[2]。由于"每个主体都满足个人的社会总需要的某一个方面"[3],因而,个体需要是共同体需要的基础,没有个体需要的不断满足,就不会有共同体需要的满

---

[1] 阮青:《价值哲学》,中共中央党校出版社2004年版,第72页。
[2] 《马克思恩格斯全集》(第30卷),人民出版社1995年版,第525页。
[3] 《马克思恩格斯全集》(第31卷),人民出版社1998年版,第355页。

足,更不会有人类社会的不断发展。

所谓共同体,是指"历史上形成的由社会联系而结合起来的人们的总合"①。在共同体中,人与人之间有共同的利益和需要,他们同甘共苦、休戚与共,因而,"共同体需要"是指某个群体或社会整体作为需要主体而共有的需要,包括"群体需要"和"社会需要"两个方面。在现实生活中,绝对孤立生活的个人是不存在的,他们必然要生活在一定的社会关系之中,所以,满足共同体的需要是促进个体需要实现和人类社会发展的重要途径。

群体需要是指两个以上有互动关系的个人所构成的团体的共同需要,由于生活方式各异,不同的社会群体往往会形成不同的需要。例如,在人类社会的早期阶段,不同的氏族或部落,由于生活习性的差异,就会产生不同的需要;在阶级国家里,由于经济地位的不同,不同的阶级也会有不同的阶级需要。

社会需要是指把"人类整体作为需要主体而共有的需要"②,在不同的社会历史时期,社会需要具有不同的内容。在私有制社会,社会需要实质上是私有者的个人需要的总和,对于劳动者来说,他们的需要基本上是虚幻的和微不足道的。在社会主义社会,国家以彻底消灭私有制、实现人的自由而全面发展为最终目标,所以,这种社会的整体需要代表着全体人民的共同需要。可见,个体需要和共同体需要之间是辩证统一的关系,一方面,个体需要是共同体需要的基础;另一方面,共同体需要是促进个体需要实现的途径。正确认识这些辩证关系,是我们正确处理个人、集体、国家之间关系的基础。

总之,在历史唯物主义的视域中,需要是一个具有一定范围和层次的多样化领域,在这个领域中,随着社会的不断发展变化,人的需要类型也在不断变化。而正是在人的需要类型的变化中,人类实现从简单向复杂、从蒙昧向文明的不断提升。

---

① 朱贻庭:《伦理学大辞典》,上海辞书出版社2002年版,第263页。
② 王伟光:《利益论》,人民出版社2001年版,第55页。

第三章　需要产生的根据

关于需要的产生问题，国内学界对这一问题有不同的观点和看法，对这一问题的不同回答，不仅决定了对需要的评价、需要的实现等问题的不同理解，而且关系着需要理论体系的科学建构。因此，对需要产生的分析和探讨，不仅有一定的理论意义，而且有重大的现实启示。在人的需要产生的过程中，离不开一定的主客体关系的确证和体现。一方面，需要的产生必然要以客观存在的社会、自然界为内容和参照；另一方面，在需要的产生、形成过程中，同样离不开主体自身诸如"知、情、意、能力"等因素的整合。所以，需要的产生不仅要受到自然因素和社会因素的制约，而且要受到主体自身结构的影响。正是在主客体关系的共同影响和相互制约下，人的需要的产生才成为人类生存发展的重要问题。

第一节　人的需要依赖于自然界[①]

自然界包括"自在自然界"和"人化自然界"两个部分。所谓的"自在自然界"，是指人类的实践活动尚未作用过的自然界，它主要包括两个方面，一是指人类社会出现之前的自然界；二是指人类社会产生后的、尚未被实践改造过的那部分自然界。而"人化自然"是指人类通过一定的实践活动对"自在自然"进行改造过的自然界。对于人的需要来说，一方面，人的需要会受到"自在自然界"的制约，在这种制约下，"自在自然界"能进一步影响人的需要的产生；另一方面，人的需要也要受到"人化自然"的影响，并在"人化自然"的规定下产生和发展。

一、自在自然界影响需要的产生

自然界经过长期的演化和发展，逐渐产生了动植物和人类。对于人类来

---

① 董晓飞：《自然对需要的作用分析》，《中共贵州省委党校学报》，2012年第4期。

说，为了自身的生存和发展，他们必须要依赖"自在自然界"所提供的资源来生存。这样，人的需要和"自在自然界"密切相关，不可分割。进一步说，"自在自然界"是人和人的需要产生和发展的现实基础。在"自在自然界"这个大系统中，现实的人只是这个系统中的一个小小的纽带，他时时刻刻会受到"自在自然界"的制约。

首先，自在自然界影响人的自然需要的产生。人的需要不是来源于上帝的创造，而是来源于天然的自然——自在自然界，人类作为自然界长期演化和发展的产物，人不得不依靠自然界来生活。也就是说，自然界是人的无机的身体，"人所感受的缺乏或欲望，……从人的'肉体的组织'寻找出其答案"。① 因此，自然界是现实的人为了生存和发展而必须与之不断交往的、人的"母体"。所谓人的物质需要和精神需要不断地同自然界相联系，也就等于说自然界同人类自身密切联系、不可分割，"因为人是自然界的一部分"。② 这里主要包括两层意思：一方面，从需要的起源上来看，自在自然界是人的需要产生的本源。由于人是自然界的产物，对于人类历史来说，"第一个需要确认的事实就是这些个人的肉体组织以及由此产生的个人对其他自然的关系"。③ 在人的需要与自然的关系中，自然界对人来说有绝对的先在性。也就是说，在现实生活中，自在自然界能够为人类提供生存所必需的自然需要，从而影响需要的产生。自然资源作为自在自然界的一个重要组成部分，它为人类提供直接的物质生活资料，自然资源主要包括空气、水、花、草，等等，这些资源是大自然不可缺少的组成部分，它对人的需要的产生关系重大。这些自然资源作为人类生活中的一个必不可少的组成部分，人们时时刻刻必须要依赖这些自然产品才能生存，而不管这些产品是以饮食、燃料的形式，还是以穿着、住房等不同的形式来表现出来的。人类之所以能够保持几千年而不断产生自身的不同需要，主要是因为这体现了一种所谓的人类生存、发展的普遍性，这样的普遍性，它不仅把整个自然界来作为"人的直接的生活资料"④，而且作为人的生命活动的"对象（材料）和工具——变成人的无机的身体"⑤。其结果是，人要靠自然界来生活，也就是说，"自然

---

① ［日］柄谷行人：《马克思，其可能性的中心》，［日］中田友美译，中央编译出版社2006年版，第111页。
② 《1844年经济学——哲学手稿》，人民出版社2000年版，第57页。
③ 《马克思恩格斯文集》（第1卷），人民出版社2009年版，第519页。
④ 《马克思恩格斯文集》（第1卷），人民出版社2009年版，第161页。
⑤ 同上。

哲学视野中的需要理论研究

界是人为了不致死亡而必须与之处于持续不断的交互作用过程的、人的身体"。① 自然资源作为人类社会存在和发展的物质基础,它自始至终和人类的各种需要相联系。人们只有凭借现实的、感性的自然界的对象才能表现自己的生命,饥饿作为一种典型的自然的需要,它是人类进行其他各种生产活动的基础和保障,正是在这个意义上,为了使自身的需要得到满足,为了人类种族的不断延续,人们必须要解除自身的饥饿。但是,在解除饥饿的过程中,人们不仅需要自身的主体力量,而且更加依赖和"需要自身之外的自然界"②。因为饥饿作为人的身体对某一对象的一种必不可少的需要,这个对象存在于人的身体之外,并且是使人的身体"得以充实并使本质得以表现所不可缺少的"③。另一方面,自在自然界是人类存在和发展的基础,自在自然界对人的需要具有先天的制约性,人只有依赖自在的自然界,人的需要才能不断地得到发展和满足。在现阶段市场经济的环境下,虽然人们利用先进的科学技术对自然界获得了越来越大的支配力,但是,从根本上来说,人和人的需要仍然是自在自然界的有机组成部分。人的需要作为自在自然界的产物,是在自在自然界的环境中产生和发展起来的。所以,列宁指出:"人脑的产物,归根到底亦即自然界的产物。"④ 同样,科学技术和生产力的发展并不能说明自在自然界的客观规律发生了根本的变化。而且,人们越是能够深深地扎根在自然界中,并遵循自然界的客观规律,越是能够按照人类自身的合理需要来改造自然界,最终描绘出人类生存、发展的美好前景。

可见,自在自然界是不依赖于人的客观世界,它在人类出现之前就已经存在。正是由于人和人的需要都是自在自然界的产物,所以,自在自然界直接影响人的自然需要的产生。

其次,自在自然界影响人的精神需要的产生。人类自身的生存和发展,时时刻刻不能离开自在自然界的影响和约束,自在自然界在影响人的自然需要产生的基础上,进一步促进人的精神需要的产生。

在农业文明时代,自在自然界作为一个充满活力的有机整体。由于受到当时生产力发展的限制和人们认知能力的局限,人们对自在自然界的认识存在一定的朴素实性,他们对大自然充满很强的神秘感,于是形成了以自然宗

---

① 《马克思恩格斯文集》(第1卷),人民出版社2009年版,第161页。
② 《马克思恩格斯文集》(第1卷),人民出版社2009年版,第210页。
③ 同上。
④ 《列宁选集》(第2卷),人民出版社1995年版,第419页。

教等为表现形式的自然中心主义拜物观念,而这种拜物观也是人们对自身精神需要的一种体现。同样,在当代社会,现实的人在同自在自然界进行交往的过程中,不仅可以从自在自然界中获得一定的物质资料,而且对自在自然界资源的丰富性产生了某种渴望。于是,他们会努力对自然客体进行全面的认识,来充实人类本身的精神需要。对于"自在的自然界"来说,它给人类提供基本的物质资料的同时,也进一步使人的精神需要得到满足。一方面,"自在自然界"本身就是人们精神需要的对象。无论"自在自然界"作为自然科学的对象,还是作为艺术的对象,"都是人的意识的一部分"。① "自在自然界"作为一种原生态的自然界,它本身具有多元化的表现形式,它不仅有美丽的自然风光,而且有宁静的自然环境。"自在自然界"的这些优势以美的形式展现在人们的面前,使人们真正感到无限的精神享受。另一方面,人的精神需要的满足以"自在自然界"为基础。因为没有感性的自在自然界,人们不仅不能进行物质资料生产,而且也不能进行精神需要的生产。无论是在人那里还是在动物那里,"类生活从肉体方面来说就在于人(和动物一样)靠无机界生活"。② 从理论领域来说,我们常说的自然资源诸如动植物、石头、空气等,它们都是"人的精神的无机界,是人必须事先加工以便享用和消化的粮食"③。可见,自在自然界不仅能满足人的自然需要,而且能满足人的精神需要。自在自然界作为人类社会存在和发展的前提和基础,其重要性是不容忽视的。

总之,由于人是自在自然界的产物,人的需要会受到自在自然界的影响和制约,而人的需要正是在自在自然界的这种制约和影响下得到产生和发展的。正是在这个意义上,我们不得不说,人的需要是自在自然界的产物。

二、人化的自然影响需要的产生

随着人类社会的不断发展和人类自身认识能力的增强,人们逐渐从实践中认识到,仅仅依靠自在自然界来满足自身的自然需要和精神需要,无法解决社会发展的诸多复杂问题。于是,为了解决这样的困境,人们通过对自在自然界的改造来满足自身生存发展的需要。而在这个所谓客体主体化的进程

---

① 《马克思恩格斯文集》(第1卷),人民出版社2009年版,第161页。
② 同上。
③ 同上。

中，自在自然界一步步纳入了人类的实践活动中，从而使自在自然界不断向人化自然界进行转变。由于实践是人化自然形成的前提和基础，人的实践活动在引起人化自然形成的同时，也促进了需要的产生。

首先，人的实践活动是人类区别于动物的根本特征。在自在自然界阶段，人类和动物有很多相同之处。例如，在自然社会本能方面，两者有许多相似之处。也就是说，人和动物都有追求自身生存需要的本能，即人和动物都有两性之爱、亲子之情，等等。但是，动物总是通过消极适应大自然，依靠自在自然界的恩赐来获取一定的物质资料，以此来维持它们自身的生存，这意味着动物并没有从自在自然界中分离出来。与动物不同，在人类与自在自然界的相互作用中，人类主动、有意识地借助于一定的劳动工具对客观的自在自然界进行改造，不断认识自在自然界的发展规律。这时，人的实践活动不仅支配了自在自然界，而且能够按照人的某种需要进行生产，以至于把人的某种需要运用到自在自然界中去。在此基础上，人们进一步从自在自然界中得到人类所必需的物质财富，使人类逐渐从自然界中提升出来。这样，人类所生存的自在自然界就被打上了人的实践活动的烙印。于是，所谓人们改造过的人工自然界——"人化自然"就产生了。

可见，在自在自然界向人化自然界转化的过程中，人的实践活动发挥了巨大的作用，它使人的需要不断发展变化，从而使人类区分于动物。尽管动物也会利用自身的本能活动来适应自然界，但严格来说，这些都是偶然的和无意识的现象。与动物不同，人类通过实践活动来创造对象世界，即改造自在自然界，使人的类本质得到确认，从而证明了"人是有意识的类存在物"[①]。

其次，人的实践活动影响人的物质需要的产生。实践是自在自然界向人化自然界转化的基础，而自在自然界向人化自然界转化的过程，促进了人的物质需要的产生。

由于工业的历史和已经生成的工业的对象性存在，是关于人的本质理论的现实表现，因此，人的实践活动体现了主体对客观自然界改造的深度和广度，这是人的本质力量的实现。为了实现人的本质和需要，人们会不断创造满足主体自身所需要的各种物品，而在满足主体自身需要的同时，也会进一步促进新的需要的产生。因为需要的客观性表明，人的需要受一定社会的经济条件、政治环境、文化等因素的影响，并随着这些社会因素的发展而使人

---

① 《马克思恩格斯全集》（第42卷），人民出版社1979年版，第96页。

的需要不断发展。这说明，随着社会生产力的发展，以前的某种事物已经不能满足人的某种需要了，即有些需要随着社会的发展变化而改变了形式、也有一些需要会随着社会关系的变迁而消灭。

在社会实践中，人们通过一定的实践活动来改造自在的自然界，形成了人化自然界。而"人化自然"作为人的实践活动改造过的自然，是在人类社会的形成中所生成的自然界。因此，通过人的实践活动所形成的自然界，"是真正的、人本学的自然界"。[1] 这种自然界不仅使人成为感性意识的对象，而且使"'人作为人'的需要成为需要而作准备的历史"[2]。在这个意义上，人的实践活动影响人的物质需要的产生。

最后，人的实践活动影响人的精神需要的产生。现实的人凭借他的本质力量对自在的自然界进行加工和改造，这丰富和发展了人类自身的需要，并促进新的精神需要的产生。在主体对自然界进行认识和改造的过程中，实践对需要的产生起了重大的决定作用。一方面，人们通过一定的实践活动把握了自然界的发展规律，并根据自然界的运动形式来复制、创造适合主体精神需要的产品，然后再直观人类自身，这样就形成了人同自然界的现实的关系。例如：汝瓷在宋代被列为五大名瓷之首，被钦定为宫廷御用瓷。在当今社会，市场上所流行的汝瓷大多是人们在对宋代的汝瓷进行研究的基础上，根据人们对自然界的审美观点，然后使汝瓷复现于人的劳动创造之中。正是在这个意义上，马克思指出："人的感觉、感觉的人性，……由于人化的自然界，才产生出来的。"[3] 另一方面，由于人的实践能力的增强，社会在不断发生变化，因而人的精神需要也会随之发生变化。为了不断满足人们日益变化的精神需要，必须要不断地进行创造性的活动。人们在通过一定的实践活动对客观的自然界进行改造的过程中，首先把自然界作为"人的直接的生活资料"[4]。然后，再把自然界作为人的"生命活动的对象"[5]。这样，人化的自然就体现了人的需要和目的。这种人化的自然界就像是摆在人们面前的关于人的"心理学"，是一本"打开了的关于人的本质力量的书"[6]。而当人们来阅读这本关于人的本质力量的书时，表达了人们对精神生活的肯定，从而使

---

[1] 《1844年经济学——哲学手稿》，人民出版社2000年版，第89页。
[2] 《马克思恩格斯文集》（第1卷），人民出版社2009年版，第194页。
[3] 《马克思恩格斯全集》（第3卷），人民出版社2002年版，第305页。
[4] 《马克思恩格斯全集》（第3卷），人民出版社2002年版，第272页。
[5] 同上。
[6] 《马克思恩格斯选集》（第1卷），人民出版社1995年版，第192页。

人的内心感到开心和快乐，就会给自身带来精神上的愉悦感，从而促进人的精神需要的实现。所以，实践在塑造"我"的同时，也生成"'我'的存在"。① 正是在这个意义上，马克思认为："环境的改变和人的活动或自我的改变的一致性，只能被看作是并合理地理解为革命的实践。"② 可见，人的实践活动创造了人的需要，促进了新的需要的产生。实践把人类从自在自然界中提升出来，成为真正意义上的人。这样，整个人类历史是通过"劳动而诞生的过程，是自然界对人来说的生成过程"③。

总之，从自然界长期进化的过程中可以看出，自然界从"自在自然"到"人化自然"的转变过程中，不仅自在自然界影响人的需要的产生，而且人化自然界也会影响人的需要的产生和发展。而随着人类的实践能力的不断增强，人的需要也会进一步在自然界的进化中得到持续发展。

第二节 主体因素是需要产生的内在动因

人的主体属性包括很多方面，其中，认识、情感、意志、能力是人的主体结构的核心，它们共同构成了需要产生的条件。在需要产生的自然因素的前提下，立足于从人的主体性角度来论述和分析需要的产生，为满足和实现人的不同需要奠定理论上和实践上的坚实基础。随着时代的发展，人的需要逐渐趋向多样化，为了适应需要这种发展趋势，社会必然要求人们具有较强的认识能力和全面的知识。因此，应当充分发挥人的主体能动性，并提高主体认识的作用和效果，在人的主体因素与需要之间建立起科学的沟通机制，最终促进人的需要的合理满足。

一、认识因素与需要的产生

所谓认识，是指"主体对客体进行观念把握的活动、过程以及作为其结果的观念反映形式"④。认识体现了人的主体能动性，这不仅是人和动物相区别的一个重要特性，而且也是促进人的需要不断产生的内在动力。

首先，自觉意识是人与动物区别的一个重要方面。人和动物都有某种意

---

① 何中华：《重读马克思——一种哲学观的当代诠释》，山东人民出版社2009年版，第199页。
② 《马克思恩格斯选集》（第1卷），人民出版社1995年版，第55页。
③ 《1844年经济学——哲学手稿》，人民出版社2000年版，第92页。
④ 李淮春：《马克思主义哲学全书》，中国人民大学出版社1996年版，第538页。

识，这是由生物的自然本性决定的。但是，人的意识和动物的意识具有根本性的区别。其一，动物的意识是一种自然性的本能意识活动。动物整日生活在大自然的环境中，它的目的意识只是满足自身本能上的需要，其需要意识的对象也指向自在的自然界。因此，动物的意识仅仅具有自然性的特征。与之不同，人的意识是自然性和社会性的统一。人与动物相区别的一个根本方面就是人的劳动实践，正是人的这种实践创造性活动，使人的意识不仅随着"自在自然界"的发展而发展，而且随着"人化自然界"的改变而变化，从而使人的意识具有自然性和社会性的双重特征，所以，马克思才说："有意识的生命活动把人同动物的生命活动直接区别开来。"① 其二，动物的需要是盲目的，而人的需要是一种自觉意识。在现实的社会生活中，动物和人类都有满足自身需要的某种意识。但是，动物的意识是不自觉的，为了得到基本的生存需要，它仅仅是消极和被动地对大自然进行模糊的认识，只知道以坐享其成的态度来获得大自然的恩赐。而人们为了满足自身的不同需要，会积极主动地认识客观事物，在此基础上，"懂得按照任何一个种的尺度来进行生产"。② 在这里，体现了人的一种自觉意识。正是人们具有这种独有的自觉意识，才使人们能够对客观事物进行客观全面的认识和科学合理的评价，并最终促进这些需要的实现和满足。

其次，人的自觉意识促进人的需要的产生。人的主体性的一个重要方面就是人具有自觉意识。在现实生活中，为了实现自身的不同需要，现实的人不仅要认识客观世界，而且要认识自我，"认识自我是哲学最高的目标"。③ 主体通过对自身理想信念的认识和把握，可以把自己从自然界中脱离出来，认清个人和世界的关系，只有这样，人们才能知道自己到底需要什么、喜欢什么。在此基础上，人们才会有意识地对客观事物进行改造，最终实现自身的不同需要，因此，人的自觉意识是需要产生的内在的精神基础。然而，虽然需要的产生也会受到社会实践的影响和制约，但是，这并不能忽视人的自觉意识对需要产生的重要作用。由于"需要"不仅具有客观性，而且具有主体性，它在很大程度上体现了主体在心理上对客体的渴望和依赖，从这个意义上来说，离开了人的自觉意识，需要是不可能产生的。在社会生活中，随着人们主体意识的增强，人们会逐渐认识到自身的不同需要，而在寻

---

① 《马克思恩格斯选集》（第1卷），人民出版社1995年版，第46页。
② 《马克思恩格斯选集》（第1卷），人民出版社1995年版，第163页。
③ [德] 恩斯特·卡西尔：《人论》，甘阳译，上海译文出版社2004年版，第3页。

求满足这些需要的方法时，人们的自觉意识也得到了进一步的提高和丰富。

可见，需要的产生和人的自觉意识的发展是相辅相成的，需要是基于人们自觉观念的发展变化而产生的，而需要的产生又会进一步促进人的自觉意识的发展。

二、情感因素与需要的产生

情感又称感情，是指人类在社会发展过程中产生的与社会需要相联系的体验。① 这种体验是人的一种极其复杂的"综合性生理、心理现象"②。情感作为人的主体结构的重要方面，它不仅是人性的一种本质反映，而且也是创造需要、享受需要的一种生存方式。③ 因此，情感作为人的一种认识手段，它和人的需要紧密相连、内在统一，它既是人的需要产生的动力，也是需要不断地得到满足和实现的内在保证。

首先，情感与人的需要紧密相连。人的需要不仅有主体性，而且有客观性。而对于需要的主体性来说，它体现了主体对客体的一种内在的需求状态，这种状态使人的主体性本质力量不断地得到展现。而人的情感正体现了人对客观事物喜欢与否的一种主观的表达，这种表达也在一定程度上涵盖了人的需要状况。一般来说，只有人们对客体产生某种需要，才会对这种事物有好的情感，反之，则会有不好的情感。因此，人的情感和需要是内在统一、紧密相连的。一方面，人的需要是人的缺失状态的一种表达和追求，这种缺失状态主要体现了人们主观的喜好情感，正是这种喜好情感会促进人们主动追求自身的需要。人的情感本身就是一种主体对客体在情感上的不同态度。在这个意义上，人的需要和人的情感是紧密相连、内在统一的。另一方面，人的情感和人的需要的相通性体现在人自身上。在日常生活中，说一个人具有道德情感，其实这本身就体现了人自身需要的某个重要方面。人作为一个具有某种情感和一定需要的高级动物，他们在具有好恶的情感的同时，也会有某种特定的需要。例如，主体在对客体的认识中所产生的各种需要就包含了人的情感，也就是说，如果主体的需要符合了社会发展的要求，那么，他会被社会认同为一个好人，这时，他会在情感上感到无比的快

---

① 张永谦：《哲学知识全书》，甘肃人民出版社1989年版，第735页。
② 卢乐山等：《中国女性百科全书·社会生活卷》，东北大学出版社1995年版，第57页。
③ 朱小蔓：《情感是人类精神生命中的主体力量》，《南京林业大学学报（人文社会科学版）》，2001年第1期，第59页。

乐；相反，若主体的需要不符合社会发展要求，他会因为成为人们心目中的坏人而感到情感上的悲痛和焦虑。可见，主体的情感和需要是紧密相连、内在统一的，这意味着人的情感和人的需要具有一定的相通性，也就是说，有内在情感的人肯定是具有某种需要的人，所以，情感是现实的人具有某种需要的根本标志。

其次，情感是人的需要产生的动力。情感作为主体对客体在情感上的某种态度，它表征了人们对客观事物的"善恶"性进行判断的一种倾向。正是由于人的情感具有的主观性的特征，因此，主体在对客观事物进行情感判断的时候，具有一定的相对性。也就是说，当主体和不同事物进行联系的时候，主体会有不同的情感反应，这些情感反应不仅有正面的、肯定的一面，而且有负面的、否定的一面。这种情况说明，凡是具有正面的情感反应，就会使人们对客观事物产生一定的喜爱心理和怜悯心理，由于这种情感调节着每一个人爱心的活动，其结果是，"这种情感使我们不加思索地去援救我们所见到的受苦的人"，[1] 正是这种情感使得一切正常的人，在帮助那些需要帮助的人的同时，也促使人们不断地追求自身所需的各种生活资料，从而促进需要的产生。可见，情感作为人的主体结构正常发展的重要方面，无论是正面的情感，还是负面的情感，都是人类生活中所必不可少的。对于正面的情感来说，它是每一个正常的人所具备的、乐观的、向上的心理素质，它通过对客观事物的正确认识，来合理调控自身的情感，进一步摆脱焦虑、悲观等负面的情绪，最终使主体认识到自身的真实需要，促进了人的不同需要的产生。相反，当现实的人出现负面的情感时，他会对客观事物产生某种负面的厌烦心理，进而使人们认为客观事物不是自己所需要的对象，于是，他会从情感上对客观事物加以排斥，最终阻碍了需要的产生和实现。在这个意义上来说，情感和人的需要相互依存、相互协助，正是两者这种紧密的联系，才使情感成为人的需要产生的动力。

最后，情感是人的需要不断产生和满足的内在保证。个人需要的产生和发展既受外部自然环境和社会环境的制约，又受制于个体内部情感因素的影响。在现实的生活实践中，人的情感不断地影响和调节人的需要。也就是说，人的情感作为人的一种内在的认识手段，它不仅是为了适应人的各种需要，而且主要目的在于试图调控人的多样化需要，来促进主体的开心和快乐。而人的情感是很容易变化的，这种变化的特性不仅会受到人的内在好奇心、

---

[1] ［法国］卢梭：《论人类不平等的起源与发展》，商务印书馆1962年版，第103页。

冲动等因素的影响，而且会受到经济关系、政治环境等因素的制约。而当这些原因引起人的正面情感时，这些利人的情感就会"引发于爱人之心"，① 并产生强烈的正义感、同情感、责任感等积极的情感。这时，人们会充分感受到生活的幸福和美满，他们会努力摆脱各种负面因素的束缚和限制，进一步去创造和追求自身的不同需要，从而使这些需要不断发展变化，来适应日益变化发展的社会现实，最终促进人的需要不断地产生和得到满足。可见，情感作为人类生命活动中主体自由精神的一种体现，它不仅和人的需要紧密相连、内在统一，而且是人的需要产生的动力、是需要不断产生和满足的内在保证。

总之，情感作为人的主体结构的重要方面，它与人的需要紧密相连，它不仅是人的需要产生的动力，而且是人的需要不断得到满足和产生的内在保证。

三、意志因素与需要的产生

意志是指作为活动主体的人自觉确定自身的需要和目的，并根据自身的需要和目的来支配和调节行动，从而达到"某种目的而产生的心理过程"②。意志是人的认识活动的重要环节，它不仅能调节和激励人的需要，而且能够通过追求合理的需要，来控制虚假的需要。因此，它对人的需要的产生有很大的影响。

首先，意志是人的一种特有的目的性活动。意志作为人的一种目的性活动，它与动物的行为活动截然不同。也就是说，人们不仅能够主动利用自身的优势对客观事物进行认识，而且，更为重要的是，主体能够根据主客观状况来主动克服各种困难，进而实现自身不同需要的过程。尽管动物在实现自身需要的过程中，也会出现克服自然危机的现象，但是，如果说动物利用自身的意志来不断影响它生活的自然环境，那么，可以说这是"某种偶然的事情"③。不过，与动物不同，人们离开自然界越远，他们就会越带有经过事先思考的、深思熟虑的、"有计划的、以事先知道的一定目标为取向的行为的

---

① 王海明：《新伦理学》，商务印书馆 2002 年版，第 620 页。
② 廖盖隆、孙连成、陈有进：《马克思主义百科要览·上卷》，人民日报出版社 1993 年版，第 356 页。
③ 《马克思恩格斯文集》（第 9 卷），人民出版社 2009 年版，第 558 页。

特征"。① 例如，动物在消灭某种植物的时候，它们根本就"不明白它们是在干什么"②，而人消灭植物，不是为了腾出土地来播种，就是种植其他植物，因为通过这种实践活动"可以得到多倍的收获"③。这说明，"一切动物的一切有计划的行动，都不能在地球上打下自己的意志的印记。这一点只有人才能做到"。④ 可见，人们为了满足自身的各种需要，会事先确定一定的目标和计划，然后，以自身的意志力来克服各种困难，最终实现自身的需要和目的。正是在这个意义上，意志作为人类特有的目的性活动，是人的意识能动性的集中体现。

其次，意志通过调节和激励人的心情和行动来促进需要的产生。人的意志具有调节和激励自身心情和行动的特殊功能，从而促进需要的产生。人的需要不是抽象的，而是具体的和现实的。在社会发展的过程中，人的需要会不断地从需要的产生→需要的评价→需要的实现→需要的产生来演进的无限发展过程，在这个过程中，难免会遇到各种各样的艰难险阻。因此，这需要主体充分发挥自身意志的巨大作用，对客体进行调节和激励，以促进需要的产生和实现。一方面，意志能够主动调节人的心情，它通过某种特殊的方式，对人们的主观需要进行意志力调节和引导，使人们对客观世界进行合理的把握，在人的主观需要和客观事物之间达到一种内在的和谐一致，从而促进需要的产生；另一方面，人们会通过自身坚强的意志来对客观世界和自身进行科学认识，对客观规律和主观目的进行合理的分析和评价，激励人们充分发挥自身的潜能和优势，对一定的客观事物进行主动的追求，从而形成人们的某种需要，最终实现人的自我完善和全面发展。可见，意志通过调节人的内部心情和激励人的外部言行，来促进需要的产生和发展。从这个意义上来说，意志发挥了意识的能动作用，是人们为了满足自身的需要，而不断克服各种困难的心理过程。

最后，意志通过控制虚假的需要来引导人们追求合理的需要。人的意志具有一定的决断力，它对于什么是善、什么是恶，具有一定的自我判断能力。在这种自我判断能力的影响下，意志能使人通过追求合理的需要来控制虚假的需要，促进自身合理需要的选择和实现。在现实的社会生活中，由于社会

---

① 同上。
② 《马克思恩格斯文集》（第9卷），人民出版社2009年版，第558页。
③ 同上。
④ 《马克思恩格斯文集》（第9卷），人民出版社2009年版，第559页。

生产方式和人的实践活动都在不断地发生变化，因此，人的需要也会随之发生一定的变化。然而，在人的多元化需要的形成和变化的过程中，应当对主体的需要进行科学的分析和认识，唯有此，才能避免虚假需要的产生，促进真实需要的产生和满足。在这种情况下，人的意志发挥了极其重要的作用。一方面，意志具有一定的坚持性，也就是说，当人们认为客观事物是善的时候，他们就会以充沛的精力和坚持不懈的毅力来对客体进行追求，以实现自身的合理需要。反之，当情感认为客观事物是恶的时候，它会影响人的正常认知能力，并能够抑制人们对某些信息的获取。所以，应当对情感进行合理引导，从而促进需要的不断实现和产生。另一方面，意志具有一定的自我克制性，也就是说，意志可以直接影响人的行为。例如，虽然当客观事物不符合主体的需要时，个体就会对客观事物产生一定的排斥，但是，主体不会因此而完全放弃对客体的联系，而是会以自身坚强的意志来克制和控制这种不合理的需要，并使这种需要向着合理需要的方向转化，最终促进需要的实现。

总之，意志作为人的主体认识结构的重要方面，它本身包含和体现了人们对需要的追求，人们只有具备坚强的意志和顽强的毅力，才能建立崇高的、健全的情感，才能对客观事物进行合理的认识和实践，推动人们不断实现自我完善，促进人的需要的产生和满足，最终实现人的自由和全面发展。

四、能力因素与需要的产生

能力因素和人的需要密切联系，紧密相关。能力作为人的主体要素的一个重要方面，对于需要的产生有重要的推动作用。

首先，人的能力是自然性和社会性的统一。所谓人的能力，就是人们在自身生命活动中"能胜任某项任务的主观条件"①。在这里，所谓的"主观条件"，包括人的素质、智慧、方法等。对于每一位现实的人来说，时时刻刻都体现着自身的某种能力。可见，人的能力会直接或间接地影响到实践活动的效率，是主体能够成功完成某项任务的内在条件和个性特征。人的能力不仅具有先天性，而且具有后天性。一方面，人的能力体现了人们本身具有的自然本能，具有自然性。也就是说，人从出生那天起，就具备了诸如语言学习、肢体运动、自然观察等多种生存的能力，这种自然性的能力是人之为人

---

① 中国社会科学院语言研究所词典编辑室：《现代汉语词典（修订本）》，商务印书馆1996年版，第1642页。

的本性。另一方面，人的能力又具有后天的社会性，由于人的先天的能力是有限的，人们只有在一定的社会关系中，才能使自身的自然性能力获得发展，进一步形成社会性的能力，从而满足自身更多的需要。对于人的能力的自然性和能力的社会性的关系来说，前者是后者产生的前提，因为人类历史的第一个前提是有生命的个体的存在，这些现实的人受制于自然规律；同时，能力的自然性要依赖于能力的社会性，由于人们只有在一定的社会关系中才能进一步提升和发展自身的能力，才能不断满足自身的不同需要。从这个意义上来说，人的能力体现了自然性和社会性的统一。

其次，人的能力不断推动人的需要的产生。在人类社会发展的不同历史阶段，满足人的不同需要是社会发展进步的重要问题。在现实的生活中，现实的人为了自身的生存和发展，他首先会去追求和满足吃、喝、住、穿等最基本的生存需要，这些基本的生存需要可以看作人的生命活动的本质内容，也是人类社会历史发展的重要前提。而为了要达到和实现这个前提，人们必须能够"生产满足这些需要的资料，即生产物质生活本身"。[1] 也就是说，作为现实的人，为了能够生存和发展，他们必须要利用一定的生产工具对客体进行改造，并把主体的本质力量进一步转化为客体的劳动过程。在这里，现实的人的本质力量起了至关重要的作用，它是这个劳动过程能否成功实现的关键。由于作为主体的本质力量的核心之一就是人的能力，能力是人们进行实践活动的内在动力，"能力得到了发展从而满足了需要，接着又产生了新的需要"。[2] 其结果是，正是因为人们具备了某种能力，才能使人的实践活动顺利进行，最终促进了人的需要的产生和满足。可见，只有当人们具备了这样的生产能力，才能创造出一个绚丽多彩的世界，才能满足自身的不同需要。综上，能力作为现实的人在自身生命活动中能够成功地完成某种活动的个性特征，它是人的需要产生的主观基础，是推动社会不断发展的内在动力。随着人类社会向"能力本位"角色的转变，人的能力越来越发挥着重要的作用，它对于落实科学发展观、完善社会主义市场经济体制，以及构建社会主义和谐社会都具有重要的现实意义。

总之，人的主体因素对需要的产生起了重要的作用。其中，人的认识是需要产生的前提、人的情感是需要产生的关键、人的意志是需要产生的保证、

---

[1] 《马克思恩格斯文集》（第1卷），人民出版社2009年版，第531页。
[2] ［美］乔恩·埃尔斯特：《理解马克思》，何怀远等译，曲跃厚（校），中国人民大学出版社2008年版，第57页。

人的能力是需要产生的动力。正是人的主体结构中认识、情感、意志和能力的共同作用，才最终推动了需要的不断产生和不断满足，从而促进人的自由而全面发展。

第三节 社会因素是需要产生的重要原因

人是社会中的人，社会是由不同的个人组成的社会。人与社会是互相促进、辩证统一的关系，而人与社会的互动关系推动了人的需要从自然性的需要向社会性需要转化的发展过程。在转化的过程中，人的需要会受到一定社会的经济因素、政治因素、文化因素的影响和制约，这些因素为人的需要提供了最佳的满足和发展条件，为人的需要实现创造了有利的基础。

一、社会经济因素影响需要的产生

经济不仅是人类社会的物质基础，而且是构建和维系人类社会运行的必要条件。马克思、恩格斯十分重视经济因素的作用，在不同的场合，经济因素有不同的说法。不管马克思、恩格斯把经济因素称为"经济关系"，还是"物质生活方式"或者"经济状况"等，但在内涵上它们是一致的，即都把经济因素看作是"社会历史的决定性基础"[1]。也就是说，经济关系是指一定"社会的人们生产生活资料和彼此交换产品（在有分工的条件下）的方式"[2]。可见，经济关系主要包括人们的生产和交换的方式，正是这些生产和交换方式进一步促进了人的需要的产生。

首先，经济因素是人的生存需要产生的先决条件和原始基础。物质资料生产活动作为经济因素的核心，能够不断满足人的生存需要，从而使经济因素成为人的需要产生的前提和基础。在全部人类社会历史发展的进程中，人类历史的第一个前提是有生命的个体存在。因此，这些个体从产生那天起，首先要面对的就是他们与客观自然界相联系的现实，以及他们如何满足和实现吃、喝、住、穿等最基本的生存需要。然而，为了维持自身的生存和发展，现实的个人必须要利用一定的生产工具对客体进行改造，所以，人类的第一个历史活动就是通过一定的生产活动来满足这些基本的生存需要。这

---

[1] 《马克思恩格斯文集》（第10卷），人民出版社2009年版，第667页。
[2] 同上。

是人类从产生到现在持续几千年所必须做的实践活动。可见,现实的人的物质生产活动不仅为现实的个人提供了基本的物质生活资料,而且使现实的人懂得如何进行生产,从而使物质生产活动既满足了现实人生理上的需要,又使现实的人懂得和掌握创造新的需要的能力。所以,在这种情况下,我们不得不说经济因素是人的需要产生的先决条件和原始基础。

其次,经济因素是人的精神需要产生的基础。"需求的产生,也像它们的满足一样,本身是一个历史过程"。[1] 随着社会的不断发展变化和生产工具的逐渐革新,人们的物质生产能力不断增强,人们会通过一定的实践活动来创造出超出生存需要的物质资料,使人们进一步去追求更高层次的需要。也就是说,当人的基本的物质需要得到满足之后,人们对其他更高级的需要的渴求度也就越高。这时,为了进一步满足主体自身的缺失状态,他们或者去追求那些不断提升主体的道德情操的精神上的需要;或者去追求那种能够提高生活质量的享受需要。例如,随着经济社会的不断发展,吃饭不再仅仅是为了维持主体的生命力,而是为了讲究食物的营养价值和欣赏价值;同样,人们穿衣服也不再仅仅是为了遮体御寒,更重要的是为了款式更加时尚和新颖。可见,在人类社会不断发展变化的历史进程中,人的精神需要会不断地从自发状态到自觉状态的转变,在这个转变的过程中,人们不仅成为自然界的主人,而且成为社会的主人,最终使人类从"必然王国"向"自由王国"的飞跃。

总之,经济因素作为人类社会存在和发展的物质基础,它不仅是人的生存需要产生的先决条件和原始基础,而且是人的精神需要产生的基础。因此,应当通过加强社会经济的发展来进一步满足和实现人的不同需要,唯有如此,才能构建一个健全的、和谐的社会。

二、社会政治制度影响需要的产生

所谓政治制度,是指在特定的社会政治生活中,统治阶级为实现其政治统治而"制定的治理方式、方法的制度"[2]。政治制度作为政治发展水平的成果和产物,它的目的主要是通过满足社会的需要和个人的需要,来维护社会和公共秩序的稳定。政治制度作为一种政治上层建筑,是一定社会关系的产

---

[1] 《马克思恩格斯文集》(第10卷),人民出版社2009年版,第575页。
[2] 向洪:《四项基本原则大辞典》,电子科技大学出版社1992年版,第136页。

物，它不仅包括国家政权的组织形式，而且也包括公民在社会生活中的地位。一方面，人的需要是构建政治制度的基础；另一方面，不同的政治制度促进不同需要的产生。因此，政治制度和需要体现了一种辩证的互动的关系，正是这种关系促进了社会的进步和人的需要的实现。

首先，人的需要是构建政治制度的基础。在现实生活中，人们为了取得生活的必需资料——衣、食、住、行等，必须要对自然界进行改造。因此，只有在人们的吃、喝、住、穿等基本的生存需要得到满足之后，才能进一步从事一系列的社会政治活动。所以，"直接的物质的生活资料的生产，从而一个民族或一个时代的一定的经济发展阶段，便构成基础"。① 而政治制度、法律、艺术等，都是从物质的生活资料的生产上发展起来的。对于一定的物质的生活资料的生产来说，它包括生产力和生产关系的统一体。其中，生产力是它的物质内容，而生产关系则是它的社会形式。也就是说，在社会生活中，人们必然要建立同他们的"生产力的一定发展阶段相适合的生产关系。这些生产关系的总和构成社会的经济结构，即有法律的和政治的上层建筑竖立其上并有一定的社会意识形式与之相适应的现实基础"。② 然而，当生产力发展到一定阶段，它便会同一定的生产关系发生矛盾。于是，生产关系便成为生产力发展的桎梏。那时，随着经济基础的变化，上层建筑也会随着发生一定的变化。如此一来，"判断这样一个变革时代也不能以它的意识为根据；相反，这个意识必须从物质生活的矛盾中，从社会生产力和生产关系之间的现存冲突中去解释"。③ 由此可见，政治制度作为政治上层建筑，它会随着生产力的发展而变化。然而，由于生产力包括三个构成要素：劳动者、劳动资料和劳动对象。其中，劳动者是生产力的主体性因素，为了实现自身的某种需要，劳动者必定会对客观世界进行物质改造。这时，劳动者的需要成为促进他们进行生产的内在动力，正是这个原因，一个国家会根据本阶级的需要来构建政治制度。因为人类在历史发展的过程中，要创始各种制度，"'需要'本身就是各种迫切的发明的教师……我们认为对于政治制度以及其他各个方面应该一律适用"。④ 其结果是，一定的社会政治制度都是在人们的需要的基础上建构的。

其次，随着社会的不断发展，由于"谋生条件的变革及其所引起的社会

---

① 《马克思恩格斯文集》（第3卷），人民出版社2009年版，第601页。
② 《马克思恩格斯文集》（第2卷），人民出版社2009年版，第591页。
③ 《列宁选集》（第2卷），人民出版社1995年版，第424页。
④ [古希腊]亚里士多德：《政治学》，吴寿彭译，商务印书馆1965年版，第371页。

第三章 需要产生的根据

结构变化,又产生了新的需要和利益"①,因此,不同的政治制度能够促进不同需要的产生。尽管人的需要是构建政治制度的基础,但是,一定的政治制度的形成又会不断促进新的需要的产生,这是现实生活中的辩证法。其一,在不同的政治制度的国家,人们对需要的追求也有所不同。人类从古代发展到今天,先后经历了原始社会制度、奴隶社会制度、封建社会制度、资本主义社会制度和社会主义社会制度。在不同的社会制度中,由于受到主客观诸因素的影响,人们对需要的追求会有所不同。例如,在奴隶制和封建制的国家里,社会发展水平比较低,人们对客观事物的认识也十分狭隘,在这种制度生活的人只是去追求最基本的生存需要。随着社会的发展,人类进入了资本主义社会,在这种制度下,人们不仅批判以前的专制制度,而且也开始关注个体的平等、自由等权利。这种政治制度的安排使人们既关注生存上的需要,又关心精神上的需要。之后,在我们社会主义国家里,在坚持公有制为主体的社会制度下,社会不仅关注人的基本的生存需要,而且也为人的安全需要创造良好的条件,常常使人民群众感到很安全,"不会有野兽、极冷极热的温度、犯罪、袭击、谋杀、专制等的威胁"。② 在这样的社会制度下,社会为人的自由而全面发展提供了有利的条件,最终促进了人的各种各样的需要的实现。其二,不同的政治制度促进不同需要的产生。在不同的政治制度下,由于受到社会发展规律的影响以及自身主体因素的制约,人们为了生存和发展,他们必须要适应特定的社会发展状况,以此来促进不同需要的产生和满足。例如,在原始公社制度下,由于生产力水平极其低下,生产工具也十分简陋,为了与自然界作斗争,人们之间会主动联合起来,依靠集体的劳动来促进自身需要的实现。在这样的社会制度中,劳动产品除了维持人们最基本的生存需要之外,几乎没有其他的意义。在这种情况下,人们会创造一定的物质需要来满足自身的各种目的。在奴隶制的国家中,尽管社会生产力取得了很大的进步,但劳动生产率仍然十分低,人们除了必需的生活资料外,只能有一些微小的剩余。这时,只有通过更大的分工,才能促进社会的更大发展。所以,在奴隶制国家中,脑力劳动和体力劳动的分工,不仅促进了生产力的发展,而且推动了科学技术、文化艺术等方面的进步。这正

---

① 《马克思恩格斯文集》(第4卷),人民出版社2009年版,第187页。
② [美]亚伯拉罕·马斯洛:《动机与人格》(第3版),许金声等译,中国人民大学出版社2007年版,第166页。

如恩格斯所说的："没有奴隶制，就没有希腊国家，就没有希腊的艺术和科学。"① 在这种情况下，随着分工的不断深化，社会能够创造出更多的物质需要和精神需要，以此来促进人的需要的满足和社会的不断发展。

可见，政治制度和需要是辩证的互动关系，两者的互动关系表明，研究人的需要，既要看到需要的客观性，也不能忽视其自身的主体性，唯有如此，才能科学合理地满足自身的不同需要。

三、社会文化影响需要的产生

社会文化作为一种特定的社会现象，它是由社会和文化共同形成的超有机形态。② 社会文化的内涵十分广泛，它不仅包括个人的道德规范、价值观，而且包含一个国家和民族的道德风俗、生产力发展水平等内容的价值观念和行为规范的复杂集合体。③ 在人类社会历史发展的长河中，社会文化和需要的关系相互制约、互相促进、紧密相连。一方面，社会文化的变化发展制约社会需要和个人需要的产生和发展；另一方面，社会文化的发展变化又起源于人类社会生存与发展的需要。正是社会文化和需要的辩证互动关系共同推动了社会的不断发展。

首先，个人需要的产生受社会文化的影响。文化作为一种特定的社会现象，是人们对客观事物进行改造而形成的产物。文化的内涵十分广泛，它不仅包括一个国家的历史状况、传统习俗、生活方式等，而且也包括个人的道德规范、价值观等。社会的发展变化和文化的变迁是内在统一的过程，在这个过程中，文化使社会从野蛮走向了文明，使人们脱离了动物性的特征，逐渐促进了人的需要的产生。例如，人们对精神方面的追求在很大程度上是文化发展的产物。在原始社会，生产力水平比较低，人的文明程度不高，人们所进行的各种生产活动只是为了满足自身最基本的生存需要。随着社会文化的发展，人们的文明程度得到了改善和发展，文化的外在感染力深入人心，使需要的对象、需要的内容，以及追求需要的方式和手段都发生了深刻的变化，这时，人的不同层次的需要也服从于社会文化的不同要求，从而使人的需要包含了广泛的社会文化的内容，这最终促进了人的需要的产生和

---

① 《马克思恩格斯文集》（第9卷），人民出版社2009年版，第188页。
② 陈国强：《简明文化人类学词典》，浙江人民出版社1990年版，第278页。
③ 李鑫生、蒋宝德：《人类学辞典》，北京华艺出版社1990年版，第190页。

发展。

其次,社会需要的产生离不开社会文化的约束。社会需要与个人的需要不同,社会需要是指某个社会整体或特定的集体所提出的各种需要。社会需要具有整体性、强制性等特征。在传统中国,社会文化价值取向的核心以社会需要为本位,而个人的需要缺少主体性的存在,成为社会需要的一个组成部分。从社会文化的内涵上来说,社会需要不仅承载了社会整体的主观文化心态,而且表征了社会整体对客观世界改造的过程和结果。作为"人化自然"的社会文化的进步和变迁,必然会引起人的需要的变化。所以,社会需要本身就是社会文化的具体表现。例如,在原始社会,人们的社会文化程度不高,尽管"血亲复仇"的现象十分残酷和常见,但这是统治阶级维护其统治的基本需要,因此,这种社会现象在一定程度上促进了社会的发展。之后,随着社会文化的发展和社会主体认知水平的提高,统治阶级逐渐认识到以往社会需要的局限性,他们开始用更加文明的方式来维护统治者的利益和需要,通常通过不同民族之间和亲的方式来解决民族纠纷,不仅避免了流血和牺牲,而且促进了社会需要的实现。可见,社会需要是社会文化的结果和产物,它受到社会文化的影响和约束,并随着社会文化的变迁而不断发展。在这个意义上,要从根本上了解需要产生的根据,必须要深入考察和把握社会文化演进的内在规律。

最后,社会文化起源于人类社会生存与发展的需要。尽管社会文化对社会需要和个人的需要的产生有重大的制约性,但是,社会文化的发展变化起源于人类社会生存与发展的需要。在当今经济全球化的国际大背景下,社会文化变迁的现象愈演愈烈,变化万千。究其主要原因,从外在条件来说,由于社会文化受到一定社会的经济因素、政治因素的影响,并随着它们的发展变化而不断变化;从内在的原因来说,人的需要促进了社会文化的不断变迁。也就是说,需要作为人的本性,在现实的社会生活中,人们"为了满足自己的需要,为了维持和再生产自己的生命,必须与自然进行斗争"①。这说明,现实的人为了生存和发展,他们会不断地根据自身的需要来进行一定的物质生产活动,以此来推动人与自然、人与社会的关系的不断发展和完善,最终又会促进社会文化的变迁和发展。可见,需要的产生和社会文化的发展互为因果、互相促进。社会文化的变迁在促进社会需要和个人需要产生的同时,人类需要也对社会文化的发展变化起了重要的推动作用。

---

① 《马克思恩格斯全集》(第25卷),人民出版社1974年版,第926页。

总之，人的需要的产生发展和社会因素是密切相连的。一方面，人的需要的产生要受到一定社会的经济因素、政治制度、文化因素的影响和制约；另一方面，人的需要的发展变化又在一定程度上促进和推动了社会的发展。从某种意义上来说，人的需要产生于社会，社会是人的需要产生和发展的前提和基础。同时，社会的变迁又要以人的各种需要为必要前提，社会的发展也是人的需要的发展。所以，为了实现人的多样化的需要，关键在于个人的需要应当和社会发展规律相一致。唯有如此，才能促进社会的持续发展和个人需要的不断实现。

第四章 需要的评价

需要的评价作为主体对自身需要的一种肯定或否定的判断,这种评价和判断贯穿了需要评价活动过程的始终,它对需要的实现发挥了重大的指导作用。因此,在需要的评价中,应当深入研究需要评价的相关问题,只有这样,才能从整体上把握好需要评价的合理性。

第一节 需要评价的内涵

"评价"与"需要"的关系密不可分,由于"评价"是主体对自身需要状况的判断,因此,需要不仅是评价产生的前提和基础,而且是评价活动的内容和对象。但是,需要的存在与否,以及合理与不合理,都要通过主体一定的评价活动才能达到。

一、需要评价的定义

所谓评价,是指"主体对客体满足自身需要的一种估价"①。在评价的过程中,因主体的需要不同,对客体的评价也有所不同。因而人的需要成为指导他"追求所认为的好的概念的问题"②。所以,需要是评价活动的出发点,主体所进行的评价活动,就是要把和主体的需要相联系的价值凸现出来,以成为评价活动的反映对象。

评价不同于认识,认识是指"主体对客体的一种观念的反映关系"③。在认识的过程中,主体不仅要对客观事物进行一定的分析和判断,而且要对自身的认识能力进行正确的估价,然后再对一些问题进行理性、全面的把握。这说明,认识是通过对自然界、人类社会和主体自身为对象的反映;而评价

---

① 高清海:《文史哲百科辞典》,吉林大学出版社1988年版,第388页。
② [英] W. D. 拉蒙特:《价值判断》,马俊峰、王建国、王晓升译,中国人民大学出版社1992年版,第318页。
③ 刘蔚华、陈远:《方法大辞典》,山东人民出版社1991年版,第7页。

是在客观事物属性的前提下,来判断客体同主体需要之间的关系。从这个意义上来说,评价是对主体自身的"需要及其与客体属性的关系的反映"[①]。需要的评价作为主体评价的一种形式,它是主体对自身需要所做的判断,判断的正确与否,直接决定了主体需要的实现。一般来说,这种判断通常有两种形式:即正面的判断和负面的判断。也就是说,在需要的评价中,主体通过自身的"知、情、意"等主体要素来对需要进行评价,以判断这种需要是否是有利的需要,若主体感到这种需要对自身有利,就会做出正面的判断;反之,就会做出负面的判断。然后,在这种判断的基础上,主体对这种有利的需要进行追求,以促进需要的实现。综上所述,需要评价的内涵可以界定为:主体按照某种特定的标准,对自身的需要所做出的正面或负面的判定。

二、需要评价的本质

所谓本质,顾名思义,是指事物固有的普遍的内部联系。由于本质决定了事物的性质和功能,因此,对需要的本质进行评价,就成为评价活动的关键。需要评价的本质主要包括以下几个方面:

首先,需要独立于需要评价而客观存在。

对于需要评价来说,它包含两个核心要旨:一是对需要进行评价时的理论前提问题,也就是说,对需要进行评价不是无中生有的主观性猜想,而是主体对自身需要结构和属性的认识基础上建立的评价体系,所以,人的需要理所当然成为需要评价的前提和基础。二是人的主体性特征是需要评价是否合理的关键。在需要评价的过程中,人的知识、情感、意志、能力等主体要素发挥了至关重要的作用,这说明,人的主体性特征在需要的评价中也显得至关重要。需要的评价关系的确立,不仅离不开需要本身的结构及其属性,而且也少不了主体的判断能力。但是,从根本上来说,人的需要独立于需要评价而客观存在,并决定需要评价的具体内容,它对评价的成功起了决定性的作用。因为需要的评价不是一种无意义的评价,而是主体对自身需要进行的好坏、善恶评价,从这个意义上来说,离开了主体的需要,人的评价就显得毫无意义。所以,只有当人的需要产生之后,人们才能对需要进行评价,以确定需要的真假和效用。

可见,需要独立于需要评价而客观存在,需要的评价必须要以主体自身

---

① 李连科:《价值哲学引论》,商务印书馆1999年版,第106页。

需要的结构和属性的判断为基础,只有这样,才能科学地揭示出自身需要的合理性,从而为主体需要实现打下坚实的基础。

其次,需要评价是一种主体性的精神活动。

需要的评价作为评价的一种重要形式,它主要是对主体自身的需要结构和属性进行评价。这种评价既不同于一般的评价活动,也不同于我们经常所说的价值评价活动,这使需要评价成为一种特殊的评价活动。在现实的社会生活中,需要的评价比比皆是,只要有人的需要的地方,就一定存在着人们对需要进行评价的事实。然而,需要的评价不同于一般的认识活动,认识活动是人在自身的意识中反映、再现客观现实的过程和结果;与之不同,需要评价的客体不仅包括客观的自然界、社会生产力、生产关系等,而且包含人的需要的主体结构——知识、情感、意志等。正是评价和认识的这一重要差别,人们在对自身需要进行评价时,不管这种需要的层次性有多高、丰富性有多强,总是会内在地、必然地包含着主体的态度、情感等主体因素,这些主体因素是主体进行正确判断的有效依据。随着社会的不断发展变化,主体的各种需要也在不断地发生变化,因此,为了合理、全面地把握自身需要的真实性,主体必然要对自身需要进行评价,并把这些变化的事实同不断变化发展的主体因素联系起来,从而达到评价客体对评价主体的意义的一种概念性把握。

可见,需要评价作为人的一种重要的评价活动,它是一种主体性的精神活动,正是这种特殊的精神活动是人的需要选择的前提和基础。

最后,需要评价是需要产生与需要实现之间的中介。

需要评价是现实的人的一种主体性的意识活动。这种意识活动不是一般的意识活动,而是需要产生与需要实现之间的一种中介,需要评价的这一特性体现了它在需要理论整体逻辑发展过程中的重要地位。

需要评价作为现实的人对自身需要结构和属性的综合判断,这种判断不仅反映了人的需要的合理状况,而且也体现了主体自身的判断能力,因此,它是综合反映自身需要的结果。对于需要评价来说,它既是需要产生之后所进行的事后评价,又是在需要实现之前进行的事前判断。也就是说,一方面,在人的需要产生之后,人们首先要做的事情就是对这些需要进行肯定或否定的判断,以确定哪些需要对自身和社会的发展有利、哪些需要对自身和社会的发展不利,从而对自身需要作出一个合理和全面的评价;另一方面,主体只有在对自身需要进行合理评价的基础上,才能真正发现自身需要的合理性,才能分辨出所谓的真实需要和虚假需要。在此基础上,主体才能进一步通过一定的实践活动对自身有利的需要进行选择,以此来推动和促进自身需要的实现。

可见,在从需要产生到需要实现的全过程中,需要的评价是联系需要产生和需要实现的中间环节。缺少需评价这一环节,人的需要就可能仅仅停留在理想阶段。因此,只有通过对需要的综合评价,才能使人们展开一定的实践活动,对合理的需要进行追求,最终促进自身需要的实现。

三、需要评价的构成

需要评价的构成是需要评价的基础问题。人的评价方法、评价过程等都与需要评价的构成密切相关。研究需要评价的构成具有重要的理论意义和现实启示。

首先,评价的主体是需要评价构成的主体要素。评价主体作为对自身需要结构进行评价的现实的人,他既要领悟到评价客体的结构和属性,又要充分利用自身的认识能力,来确认评价客体对评价主体的效果和意义。一方面,随着经济社会的不断发展,人的生活方式日益多样化,人的需要也趋于丰富性,这就要求主体充分发挥自身的主观能动性,以灵活的方式对需要进行有效和正确的评价。另一方面,评价的主体具有多样性的特征,它不仅包括个体的人对自身需要的评价,而且包含某个群体对整个社会的整体评价。在这个意义上,评价的主体往往体现出个体性和群体性的特征。在现实生活中,个体的评价和群体的评价作为需要评价的两种基本的类型,两者关系密切,相互补充。所以,在需要评价中,在深入分析个体需要和群体需要的联系和区别的基础上,协调个体的不同需要和群体的整体需要的关系。只有这样,才能充分发挥个体和群体在需要评价中的积极作用,确保需要评价的合理、有效和科学。

其次,需要评价的客体作为需要评价的客体要素,是主体进行评价时所指向的对象,这个对象是指人们自身需要的结构和属性和与人的需要相联系的外部事物。需要评价的客体不仅有主体性,而且有客观性。一方面,需要的结构包括人的需要的主体因素,这些主体因素诸如知识、情感、意志本身就体现了主体需要的个性特征,有利于发挥人的主体能动性,促进需要评价的顺利进行。另一方面,需要评价的客体也包括与人的需要相联系的外部事物,这些外部事物对人的需要结构有一定的影响作用。也就是说,人的需要结构随着社会的发展而不断地变化,从而使人的需要结构具有一定的客观性。

第四章 需要的评价

可见，需要评价的客体涵盖了需求双方的主客体关系，在这种关系的推动下，可以进一步展现出需要评价的本质。这说明，需要评价的客体不仅是需要评价构成的一个重要方面，而且是需要评价主体的前提和基础。例如，需要评价客体的多样性决定了需要主体评价的多样性；需要评价客体的层次性也同样会决定主体需要评价的层次和感受。从这个意义上来说，没有需要评价的客体也就没有需要主体的判断和态度，所以说，需要评价的客体是主体对需要进行评价的前提，是需要评价系统结构中不可缺少的要素。

最后，需要评价手段是需要评价的中介因素。在需要评价的过程中，不仅离不开需要评价的主体和客体，而且也离不开需要评价的手段。因此，主体为了达到对自身需要的有效评价，必须要对自身的不同需要有所了解和把握，在这个过程中，需要评价的手段起了至关重要的作用。所谓需要评价手段，是指需要评价主体在对需要评价客体进行评价的过程中所利用的某种方法。需要评价手段作为实践的一个内在因素，它是具有生命力的和活的因素。一般来说，需要评价的手段主要包括评价方法、评价程序等一系列的方法系统。这些系统包括各种工具、各种语言符号系统、各种推理的方法系统等。不管采取哪一种评价方法，需要评价手段都是需要评价主客体之间关系的中介，也就是说，在需要评价中，没有一定的需要评价方法和需要评价技术，需要评价主体和需要评价客体之间无法进行联系，需要评价主体也就不能开展一定的评价活动。所以，评价主体在利用一定的需要评价手段时，要遵守具体问题具体分析的原则。即是说，评价主体的评价手段不仅要根据社会发展的客观状况，而且要依据主体自身的具体情况，来灵活选择最有效的评价方法，把评价主体的作用传导给评价客体，同时克服评价客体的反作用，这样才能使需要评价主体的目的在评价客体中得到实现。可见，只有利用科学合理的评价手段，才能使需要评价主体和需要评价客体相联系，并对需要评价客体作出科学的判断，为需要的实现做好理论上的准备。

总之，需要评价的结构包括评价主体、评价客体、评价手段等要素，这些要素之间相互联系、相互制约，共同构成了需要评价的系统体系，科学、合理的评价结果的获得就是这些内部要素之间共同作用的产物。

第二节　需要评价标准的确立和分类

所谓评价标准,是指评价主体用以衡度一定事物的好坏、善恶的观念尺度。① 因此,需要的评价标准是指评价主体对自身需要的合理性进行评价时的一套观念尺度。一般来说,评价标准由"硬件"和"软件"两种形式组成,硬件包括法律、法令等,它们具有"明确而具体的社会外在形式,是社会意识形态的外在具体化"②。而评价标准的"软件",是指社会的根本指导思想基础和指导原则,它们是"社会主体的存在方式及其条件的自觉反映"。③ 在需要理论的研究中,只有评价标准的"硬件"和"软件"共同发挥作用,才能共同推动需要评价的发展。

一、需要评价标准的确立

在需要评价的过程中,若缺少一套统一的需要评价标准,合理的评价结果就无法形成。因此,需要的评价标准就显得极其重要。

其一,评价主体的需要是确立需要评价标准的内在原因。

需要的评价标准不是随意确立的,而是在社会发展状况和主体需要的基础上而产生的。需要不仅是进行需要评价的前提和基础,而且对需要评价的成功起了决定性的作用。从这个意义上来说,需要评价标准的确立源于评价主体的内在需要,若离开了主体的需要,也就失去了对需要进行评价的依据,所以,主体的需要成为需要评价目的确立的内在依据。

需要评价标准作为需要评价的依据,它既有人的主体性判断能力,又离不开评价对象的内容和属性,因此,需要的评价标准体现了评价主体和评价客体之间的评价关系。因为凡是有"某种关系存在的地方,这种关系都是为我而存在的"④。也就是说,需要评价标准的根本特征是人的主体性。这说明,在确立需要的评价标准时,首先应当把握住人的主体尺度,即人的内在尺度。正是如此,需要评价标准是对人的需要的一种反映。由于受到客观社会环境因素的影响和主体自身各种因素的制约,不同的人具有不同的需

---

① 李淮春:《马克思主义哲学全书》,中国人民大学出版社1996年版,第490页。
② 李德顺:《价值论》,中国人民大学出版社2007年版,第292页。
③ 李德顺:《价值论》,中国人民大学出版社2007年版,第293页。
④ 《马克思恩格斯文集》(第1卷),人民出版社2009年版,第533页。

要，所以，从每个人的不同需要出发，就会产生不同的评价标准。正是在这个意义上，对需要评价标准来说，无论是社会需要评价标准、群体需要评价标准，还是个人需要评价标准，都是一种体系性的存在，他们都体现了个人的某种需要或者社会的整体需要。

可见，人的主体尺度也就是人的内在尺度，这种尺度不仅是人的内在本质，而且是实现自身目的的前提。因为人的主体尺度的最根本的体现就是人的需要，这使作为主体尺度核心的需要理所当然地成为需要评价标准确立的目的。

其二，需要的客观性是需要评价标准确立的外在原因。

需要不仅有主体性，而且有客观性，需要的客观性表明，人的需要不是一种主观的空想，而是在客观的社会条件下产生的，因此，需要评价标准的确立也离不开外在的社会现实。

首先，在某种意义上来说，人的需要是社会的产物，即人的需要会受到一定社会发展状况的制约。因此，确立需要评价标准必须要考虑需要的客观性。一方面，需要评价的主体是社会的产物。主体在对自身需要进行评价的时候，评价的主体表现为一定的个体或群体。对于这些个体和群体来说，他们不是费尔巴哈式的抽象的人，而是一定社会历史条件下的具体的、现实的人。由于生产力和生产关系是一定社会历史的产物，所以，人们不能随便选择不符合一定生产力发展状况的需要。另一方面，需要评价的客体也是社会历史的产物。需要评价的客体不仅包括与需要相关的各种事实，而且包括人的需要本身。由于人的需要是社会的产物，即需要会受到一定的社会经济因素、政治制度、文化因素的制约和影响，这些社会因素为需要和需要评价目的的形成提供了重要的参照系统，使作为主体的人可以根据社会发展状况来评价自身需要的合理性，从而使自身的合理性需要得到有效的满足。因而人有什么样的社会存在和客观需要，就决定有什么样的评价标准。[1]

可见，从需要评价标准的产生角度来看，需要的评价目的不仅源于评价主体的各种不同需要，而且也源于需要的客观性。正是需要评价的这两个方面的特点，才决定了需要评价标准的内容和特点。

其三，实践是需要评价标准形成的根本原因。

在需要的评价过程中，首先要确立需要的评价标准，这是需要评价顺利进行的前提条件。但是，随着经济社会的不断发展和人的需要的不断变

---

[1] 李德顺：《价值论》，中国人民大学出版社2007年版，第269页。

化，人的评价标准也会发生不断的变化。在这种情况下，为了最大限度地使人们的需要评价标准与社会发展状况和人的需要保持一致，必须要通过人的实践活动才能实现。

需要的评价标准是主体进行需要评价的重要尺度，需要的评价标准的形成对需要评价的成功有十分重要的作用。然而，需要的评价标准的形成绝不是一种主观的观念性的活动，它必须要借助于一定的实践活动才能真正确立具体的评价标准。需要评价标准是人的生活实践的产物，因为在需要评价的过程中，需要评价标准是在人们一定的评价活动中产生和发展的。随着人们实践活动的发展，人们对客观的自然界的认识能力的增强，人的需要会发生一定的变化，人们的评价标准也会随之发生一定的变化。也就是说，人们在改造客观自然界和人类社会的时候，等于在改造人的需要本身。正是在这个意义上，人的评价活动是否具有真理性，"不是一个理论的问题，而是一个实践的问题"。① 另外，在现实生活中，由于不同的评价主体有不同的需要和目的，鉴于此，为了在最大限度上使需要评价标准既能满足不同主体的不同需要，又能与社会发展规律相一致，唯有通过人的实践活动才能做到。所以，作为有自觉意识的现实的人，他们通过自身的实践活动不仅能够对自然界的客观性进行评价，使自身的需要符合自然界的规律，而且能够进一步按照主体的内在尺度对自身的需要进行评价，并进一步改造客观世界来满足自身的不同需要。可见，实践作为一种崭新的思维方式，不仅扬弃了旧唯物主义者只从客体的角度来理解评价的思想，而且批判了唯心主义只注重人的主体性的单向度观点，最终实现了主体性和客观性的内在统一。所以说，这样的评价标准是一种科学的、全面的评价尺度。

总之，需要评价标准的形成和确立是需要评价的核心内容，它的形成不仅是人的需要在现实生活中的反映，也体现了以实践为基础的需要评价标准的建立。

二、需要评价标准的分类

由于不同的主体有不同的需要，人们在对需要进行评价的过程中，常常会出现"公说公有理、婆说婆有理"的评价结果。究其原因，主要在于不同主体的需要评价标准不同。鉴于此，应当对需要评价标准进行合理、全面的

---

① 《马克思恩格斯文集》（第1卷），人民出版社2009年版，第500页。

分类，以期对主体自身的需要进行合理的评价。

1. 个体需要评价标准和群体需要评价标准。从需要评价的主体来划分，需要的评价标准可以划分为个体需要评价标准、群体需要评价标准两种。由于"主体"是和"客体"相对应的哲学范畴，"主体"是"活动的发出者、承担者和执行者"，① 因此，主体既可以指单个的人，也可以指某个群体或整体。个体和群体的需要评价标准往往有所不同。其一，对于个体评价标准来说，它是现实的个人对自身需要所进行的评价，而满足个体的需要是人类社会的主要目标，因而个体的评价标准是评价活动中的常见情况。为使人的个体需要得到实现，需要评价标准必须要与外部社会环境和人的需要相互渗透、相互影响，唯有如此，才能建立科学、合理、全面的需要评价标准，从而为个体需要的实现打下良好的基础。其二，对于需要的群体评价标准来说，它主要是以社会的整体需要为标准来进行的评价。这种评价标准在一定程度上体现了统治阶级的利益和需要，具有不同于一般的个体评价标准的特征，但是，群体的需要由不同个人的需要的合力共同组成，而不同的个人的需要和利益又有所不同，这使不同个体之间的需要存在一定的冲突。所以，主体在进行需要的评价时，应当使个体的需要评价标准和群体的需要评价标准相统一，这样才能做到个人需要和社会需要的有机统一。

2. 道德需要评价标准和功利需要评价标准。从需要评价的依据来划分，需要的评价标准可以分为道德需要评价标准和功利需要评价标准。需要评价有多种依据和形式，而"道德"和"功利"是评价的两种最基本的评价依据。

所谓道德需要评价标准，是指只要符合道德规范的需要评价就是合理的，反之，就是不合理的评价标准。对于道德需要评价标准来说，它具有动机性、普遍性的特征。一方面，道德需要评价标准制定的依据在于主体行为的主观动机，而不在于主体行为的客观效果。正如康德所认为的，"善良意志"作为人的主观动机，它能够成为道德需要的评价标准，并不是由于它所促成的事物和达到的目的和效果而成为善，"而仅仅是由于意愿而善，它是自在的善"。② 可见，只有关注人的一切动机的评价标准才是所谓真正道德的行为。另一方面，道德需要评价标准反对个人主义，强调普遍主义，具有整体性的特征。普遍性是道德评价的根本法则，它不受任何具体目的的限制和

---

① 李淮春：《马克思主义哲学全书》，中国人民大学出版社1996年版，第856页。
② [德] 康德：《道德形而上学原理》，苗力田译，上海人民出版社1986年版，第43页。

约束，因而它是绝对自由的。正如康德所强调的，应当按照你"同时认为也能成为普遍规律的准则去行动"①，只有这样，才能实现自身的道德自由和需要实现。而所谓功利需要评价标准，是指主体对自身需要的评价要以这些需要对自身实际"有用"为尺度和标准，唯有此，才是科学、合理的评价标准，相反，则是不合理的评价方式。与道德需要评价标准相比，功利需要评价标准关注评价的效果和个体的幸福，忽视评价的主观动机性，并排斥普遍主义观点。所以，这种评价方式具有明显的效果性和个体性的特点。一方面，功利需要评价标准关注评价的效果，认为效果是评价一切行为善恶的根本标准。这种观点表明，主体根据一定的评价标准来对自身的需要进行评价时，只关注评价的结果对主体自身具有一定的效果和意义，而不管这种评价方式是否具有主观动机的合理性，这种评价标准通常被称作效果评价。另一方面，功利需要评价标准关注个人的幸福和需要，忽视整体的需要和利益。功利需要评价标准继承了西方古希腊哲学中伊壁鸠鲁快乐主义"趋乐避苦"的学说，在此基础上，强调"最大量之一般人幸福"②的最高评价标准，以此来促进个体的幸福和需要得到最大限度的满足。

由于主体的需要是不断发展变化的，主体对自身的需要进行评价时，以道德需要评价标准去衡量是科学的，而以功利需要评价标准来衡量则是不合理的，有时情况正好相反。因此，主体在确立需要评价标准时，应当把道德需要评价标准和功利需要评价标准有机地结合起来，灵活处理，才能客观地确定需要评价标准。

3. 实践评价标准和生产力评价标准。从需要评价的客观条件来划分，需要的评价标准可以分为实践评价标准和生产力评价标准。由于需要的产生和评价都与实践和生产力密切相关，实践和生产力不仅是人的需要产生的根本动力和客观要素，而且是需要评价的根本标准，因而对人的不同需要进行评价自然离不开实践评价标准和生产力的评价标准。

所谓实践评价标准，是指人的任何需要都要受到实践的检验和评价。对于实践评价标准来说，一方面，人的需要不是一成不变的，而是随着社会实践的变化而变化。人的任何需要都要受到具体实践的检验和评价，这一点体现了实践评价标准的绝对性；另一方面，在现实生活中，实践会随着社会的不断发展而不断变化，这使实践评价标准具有相对的意义，也就是说，现实

---

① [德]康德：《道德形而上学原理》，苗力田译，上海人民出版社1986年版，第72页。
② [英]约翰·穆勒：《功用主义》，唐钺译，商务印书馆1957年版，第12页。

的实践不能完全证实一切现有的思想，这使得实践具有一定的局限性。但是，随着社会的发展和人的主体性的增强，日后的实践能够解决当前实践回答不了的问题，从而又使实践具有决定的意义。如此一来，实践作为一种改造客观世界的现实活动，它具有使理论和实际相联系和结合的特性，而"离开实践的思维……是一个纯粹经院哲学的问题"①。所以，只有通过人的实践活动，才能完成检验人的需要是否合理的重要任务。

而生产力评价标准，是指用一定的生产力发展水平来判断人的需要是否具有合理性的一种评价标准。生产力作为一种需要评价的标准，它既是一种主观的评价标准，也是一种客观的评价标准。一方面，我们说生产力评价标准是一种客观的评价标准，主要由于生产力标准是通过社会发展的客观状况和实践能力，通过对人的需要的合理性进行检验而得来的。因此，生产力评价标准是一种全面、合理、客观的评价，它不会因为主体需要的不同而使需要评价标准发生变化，在这个意义上来说，生产力评价标准是一种客观的评价标准；另一方面，生产力评价标准又是一种主观的评价标准，生产力作为人类社会发展的决定力量。它不仅包括劳动资料、劳动对象的客体因素，而且包含劳动者的主体因素——需要、情感、意志等，这些主体因素不断引导主体进行一定的社会生产，最终促进主体需要的实现和社会的发展。可见，由于生产力是社会发展的决定力量，它不仅决定着需要的产生和发展，而且决定着需要评价标准的确立。生产力评价标准在客观上适用于社会历史的各个发展阶段。但是，生产力评价标准的确立，必然要在实践中得到检验，所以生产力评价标准离不开实践评价标准。当然，随着社会生产力的发展变化，人的需要也有所变化，这时，人们会及时调整自身的实践活动方式，来评价和选择自身的需要，所以，实践评价标准的确立同样离不开生产力发展的状况，把实践评价标准和生产力评价标准相结合，才能科学地确定需要评价标准。

总之，需要评价主体在确立需要评价标准时，应当使不同的评价标准相结合，只有这样，才能形成科学的评价标准，从而保证评价结果的正确性。

第三节 需要的评价过程

在当今社会转型的关键时期，一些新出现的社会问题需要我们作出正确

---

① 《马克思恩格斯文集》（第1卷），人民出版社2009年版，第500页。

的评价和判断，这样才能理解全球化背景下个人需要凸显的现实。为此，要使需要的评价得到有效的实现，应当对需要的评价过程做一个认真的分析。

一、确立需要评价目的

需要评价目的作为需要评价活动要达到的某种目标，它是整个评价活动的灵魂和统帅。在需要评价的过程中，需要评价目的贯穿于评价过程的每一环节，它不仅影响需要评价标准的确立，而且制约着需要评价结果的好坏。因此，需要评价目的是需要评价活动的起点。

所谓确立需要评价目的，是指在需要评价过程中，主体确定对自身需要和与需要相关的事实进行评价的原因。只有需要评价的目的明确了，评价主体才能有效对事物进行合理评价。由于不同的人具有不同的需要和目的，每个人的评价结果就会有所不同。例如，以两位教授对英雄人物的评价为例来分析。其中一位教授的评价目的是证实英雄史观不正确；而另一位教授的评价目的是英雄在历史发展中发挥了巨大的作用。两位教授不同的评价目的决定了评价结果的不同。

对于第一位教授来说，为了得到自身的评价目的，他必须要获取各种信息和材料，来对英雄人物进行分析和论证，以得出英雄史观不利于人们需要的实现的结论。第二位教授为了证明英雄在历史发展中发挥了巨大的作用，他必定会得出英雄人物有助于人们需要的实现和社会的发展。

可见，在需要评价的过程中，确立需要评价目的十分重要，它直接制约着评价结果的有效性。然而，要确立需要评价的目的，应当在科学预测的基础上，进一步把握好评价主体的需要和社会发展的基本趋势。这表明，需要评价目的的确立，不仅要受到评价主体需要的影响，而且要受到社会发展规律的制约。一方面，评价主体的需要是确立需要评价目的的依据。只有当人们意识到了自己的需要时，才能进一步确定需要评价的目的；相反，若人们没有意识到自身的需要，那么他不会确立合理的评价目的，即使确立了，也是不科学的。另一方面，社会的发展规律是确立需要评价目的的客观依据，因为人的需要离不开社会生产方式的制约和约束，离开了社会发展规律来谈论人的需要评价目的是毫无意义的。正是在这个意义上，在确立需要评价目的时，应当结合人的需要和社会发展状况，这样，才能保证需要评价目的的科学性和合理性。

总之，需要评价目的是评价活动的灵魂，它不仅能够为需要评价主体提供重要的信息和参考依据,而且有助于需要评价的实现。

二、获取需要评价信息

获取需要评价信息,是指通过各种方式来获取与需要评价有关的信息的活动。获取需要评价信息不仅能够使需要评价目的从理想向现实转化,而且可以为评价主体形成评价结果提供有力的事实依据。获取需要评价信息对需要评价的成功起了至关重要的作用。

(一) 获取需要评价主体的信息

评价主体作为评价活动的发起者和承担者,评价主体有个人、群体和人类等形式。虽然评价活动是评价主体的一种观念性的活动,但是,由于从事这种观念性活动的是现实的人,因而评价主体不是抽象的意识,而是生活在一定社会中的现实的人。换言之,评价主体必然要受到一定经济、政治、文化等多种因素的制约。实际上,获取需要评价主体的信息是获取需要评价主体合理需要信息的活动。

一是获取需要评价主体生理状况的信息。所谓生理状况,是指整个生物体及其各部分所表现的生命现象。生理状况作为生物体的功能活动,它对需要评价主体的影响十分大。首先,遗传因素的影响。根据遗传学的相关研究,人的心理是否健康,与人先天的遗传密切相关。如果父母的遗传因素有某种缺陷,那么,这种缺陷很有可能影响到子女的身心健康,间接地会影响到需要评价主体的评价能力。其次,获取需要评价主体的年龄、性别、健康状况等信息。年龄反映了人的生命发展的基本阶段,不同年龄的人在需要评价的过程中所处的地位和发挥的作用都有所不同。随着年龄的增长和认识能力的提高,评价主体会逐渐学会与他人作比较,分析不同人的心理活动,以此来形成某种价值判断。所以,在获取需要评价主体的信息时,必须以准确的人口年龄数据为依据,以此来考察对需要评价主体评价能力的影响。同理,不同的性别,有差异的健康状况也会通过影响人的评价能力,最终影响主体的需要评价结果。

二是获取主体知识结构方面的信息。知识是指在社会实践活动中,人们所"积累起来的经验上升为理性认识"[1]。而知识结构是个人所掌握的知识在

---

[1] 高清海:《文史哲百科辞典》,吉林大学出版社1988年版,第479页。

层次和序列上的排列组合状况。在不同的社会历史时期,由于主客体各种因素的影响,不同人的知识结构会有所不同。而评价主体知识的匮乏,会进一步导致评价主体能力的不足,最终也难以形成科学的评价结果。在这个意义上,在获取需要评价主体的信息时,应当牢牢抓住评价主体的这一特点,扬长避短,使需要评价过程、结果更为合理。

三是获取需要评价主体的心理因素方面的信息。由于评价主体的心理因素诸如情感、意志、能力等因素对需要评价有一定的制约性,因而在需要评价的过程中,同样应当获取评价主体的心理因素方面的信息。首先,获取评价主体的情感状态方面的信息。"情感状态是同人的高级的社会性需要相联系的",[①] 需要评价主体在不同的情境中有不同的情感状态。随着人的年龄的增长,人的情感状态会更加复杂和丰富,由此会影响评价主体的判断力。也就是说,当评价主体的情感处于积极向上的状态时,他会以冷静的、乐观的态度来评价需要。若评价主体被焦虑、痛苦的消极情感困扰时,就会倾向以一些非理性的眼光看待整个世界。这说明,评价主体情感状态直接影响到需要评价的结果。其次,获取评价主体意志方面的信息。由于意志是人对自身的活动进行调节的心理现象,在调节的过程中,人们往往会自我克制,不怕困难,并采取自觉、坚定的实际行动来克服各种障碍。评价主体的意志体现了人在需要的评价活动中所特有的目的性和自觉性。所以,意志坚强的人,能够做到善始善终,对自身的需要也会有全面、合理的评价。相反,意志薄弱的人却不能够做到持之以恒,更不能够做到对自身需要进行合理的评价。在这个意义上,获取评价主体意志方面的信息对需要评价至关重要。最后,获取评价主体能力方面的信息。能力作为人的一种精神活动,它对需要评价的顺利完成起了关键的作用。在需要评价的过程中,不管评价的对象是什么,总是离不开评价主体的能力,不管评价的对象多么美好,而失去视觉能力的人永远也无法对其进行评价。所以说,需要评价主体的能力规定了他所评价的对象的效果。

总之,由于评价主体的生理状况、知识结构、心理因素等方面都会影响到评价的合理性和全面性,所以说,在需要评价的过程中,应当关注需要评价主体的这些信息,充分发挥它们的优点,以促进需要评价的实现。

---

① 陈会昌:《中国学前教育百科全书·心理发展卷》,沈阳出版社1995年版,第165页。

（二）获取需要评价客体的信息

所谓需要评价客体的信息，是指在需要评价的过程中，评价主体所评价的对象的具体信息。一方面，需要作为主体所评价的直接对象，是需要评价的客体；另一方面，由于社会发展规律也对人的需要有重大的影响作用，所以，需要评价客体信息的获取也应当包括与需要相关的各种事实的信息。

首先，获取需要的信息。

从需要评价目的的确立到需要评价活动的顺利进行，这始终要围绕人的需要进行。因此，获取人的需要的具体信息，对于需要评价的合理性有重要的作用。在现实生活中，由于受到社会环境和主体自身心理、生理因素的影响，不仅不同的主体具有不同的需要，而且同一主体也有不同层次的需要，而对于主体不同层次的需要来说，主体在评价这些需要的过程中所投入的精力会有所不同。评价主体为了评价自身更为渴求、迫切的需要，他肯定会竭尽全力地对这种需要进行评价，以促进自身需要的实现。这说明，在需要评价的过程中，首先要对主体自身的需要有科学合理的认识。对于每一个评价主体来说，他都想确立准确的评价目的。然而，在现实的社会实践中，往往会出现不尽如人意的情况。分析其原因，主要在于主体对自身需要的认识不全面、不科学。有时主体会把主体的虚假需要看作是真实的需要，也会把将来的需要当作目前的需要，最终不利于需要评价目的的确立。所以，要获得准确的需要评价信息，评价主体应当及时剔除那些虚假需要的信息，以保证需要评价的合目的性和合规律性。

其次，获取与需要相关的各种事实的信息。

由于需要的产生和发展必然要受到一定社会因素的影响，因此，了解和获取与需要相关的各种事实的信息至关重要，这是掌握评价主体需要变化趋势的重要途径。

一是要获取生产力的相关信息。一定的社会生产力发展水平制约着需要评价的合理性程度，因而生产力是需要评价活动得到展开的宏观背景。在人类历史的长河中，生产力不断地从低级向高级发展，依次经历了手工工具时代、蒸汽时代和电气时代等。而评价主体不能自由选择这种或那种生产力，他们必须在特定的生产力发展的状况下进行需要的评价，以此来获得需要评价的结果。由此可知，在需要评价的过程中，认真获取不同历史时期生产力的发展状况的信息至关重要。

二是获取生产关系的相关信息。生产关系作为人们在物质资料生产过程中结成的特定社会关系，是生产方式的社会形式，它反映了生产过程中不同人之间的不以他们的意志为转移的社会关系。随着社会生产力的不断发展变化，人与人之间的生产关系也必然要发生变化。从古到今，人类社会相继经历了原始社会、奴隶社会、封建社会、资本主义社会和社会主义社会五种不同类型的生产关系。在这五种不同的生产关系之中，不仅评价主体所评价的对象有所不同，而且评价主体的视野和评价能力也有所差异，在这个意义上，获取生产关系的相关信息关系着需要评价的顺利进行。

三是获取社会分工方面的信息。所谓社会分工，是指在社会不同部门之间以及各部门内部之间的分工。在人类早期发展史上，共发生了三次重大意义的社会分工，即畜牧业和农业的分离、手工业和农业的分离以及商人阶级的出现。社会分工受生产力发展水平的制约，它是社会生产力发展的必然结果。在不同的社会历史条件下，社会分工具有不同的性质，使评价主体对自身需要的评价发生变化。也就是说，在阶级社会中，分工服务于阶级剥削的某种意志，统治阶级使劳动者屈从于某类专门的劳动，使劳动者的需要局限在狭小的范围之中。在这种情况下，评价主体的评价能力受到巨大的限制，评价对象也受到社会历史条件的约束。相反，在社会主义社会，由于逐步改变了旧式分工的不合理局面，使人与人之间构建起合理的分工合作状况，这不仅推动了社会的不断发展，而且促使评价主体有力地发挥了自身的才能，增长了见识、提高了能力，最终促进需要评价的顺利进行。

(三) 获取评价方法的信息

对于需要的评价来说，它由三大要素构成：需要评价主体、需要评价客体、需要评价方法。其中，选择合理的需要评价方法对需要评价结果的正确性起了重要的作用，因而获取评价方法的信息就显得十分重要。在需要评价的过程中，由于受到社会环境和评价主体自身多种因素的影响，人的需要总是在不断地发生变化。可见，需要评价主体是否能够对自身的需要进行合理和全面的评价，这主要在于需要评价主体是否选择了合理的需要评价方法。

评价方法是评价主体为达到特定的目的而采取的具体方式和手段。在需要的评价中，评价主体为实现自身的某种需要，会采取灵活多样的方法来对自身的不同需要进行评价，而不同的评价方法会对需要评价的结果产生重要的影响。一般来说，需要评价方法包括以下几种：

一是相对评价法。这种方法有两层意思。第一层意思是指在需要评价的过程中，将需要评价的对象按需要的某种特点从高到低或从低到高排列。从

第四章 需要的评价

需要产生的角度来说，人的需要一般可以分为自然性的需要、社会性的需要。第二层意思，在人的不同需要之中，选择一个合适的需要作为评价基准，然后把其他的评价对象与这种需要进行比较的一种需要评价方法。对于相对评价法来说，在需要评价对象内部进行评价和比较，具有很大的优越性。但是，由于这种评价方法缺乏客观性标准，所以，很容易造成评价目标的不明确等缺点。正是在这个意义上，应当使多种评价方法相结合，以促进需要评价的合理性。

二是绝对评价法。这种方法是在需要评价对象之外，确定一个客观的评价标准，在对自身的需要进行评价时，把这些需要和这种客观的评价标准相比较。以人民群众的根本利益为评价标准来对人的需要进行评价，就是绝对评价方法。由于人民群众的根本利益是客观存在的，而被评价的需要应当和人民群众的根本利益的客观评价标准相对应，而不是人的不同需要之间进行比较。在需要评价的过程中，评价主体通常按照这个客观的评价标准来判断人的需要的合理性，以此来决定是否选择这种需要。绝对评价法的评价标准十分客观，评价主体能够明确自身需要与客观标准的一致性，促进评价主体对自身的需要进行公正的评价。不过，由于绝对评价法的客观评价标准不能做到任何时候都完全客观，因此，在需要评价的具体实践中，往往会结合相对评价法来使用，以此获取需要评价的成功。

三是分析评价法。这种方法是指评价主体依据一定的评价标准，将评价对象的整体分解为部分，然后对这些部分和要素进行分析和判断，最终使其内化为评价主体的知识结构。分析评价法作为一种常用的方法，可以使评价主体充分了解评价客体内部各个要素之间的联系，以及不同要素的存在状况，从而为评价主体进行全面的综合评价打下坚定的基础。分析评价法在需要评价的过程中发挥了巨大的作用，也就是说，评价主体在评价自身需要的过程中，有时候人的需要十分复杂，在不同时期人的需要也会发生很大的变化，这时，仅仅依靠综合的分析方法是无法把握其本质的。于是，评价主体就应当根据社会发展规律和需要的特性，把人的需要分为不同性质和层次的需要。例如，对于一位成年人来说，他在童年时期仅仅会追求吃、喝、玩、乐的自然性需要。而在工作之后，就会进一步关注社会交往的需要和精神上的需要，等等。可见，在对复杂的事物进行分析的过程中，应当从事物的多重属性中发现事物的本质，为全面了解评价客体、形成合理的判断打下基础。

四是综合评价法。这种方法是在分析方法的基础上，把评价对象的各个组成部分再次组合成一个统一的整体，从而在总体上把握事物的根本规律。

虽然分析方法在发现事物的本质上起了重要的作用，但它仅仅是评价过程中的一个环节。因为需要评价的任务不只是通过对评价对象加以分解，而更为重要的是把评价对象的各个部分结合成一个整体，从而全面地把握评价对象，最终为形成科学、全面的评价结果创造条件。例如，评价主体为了分析需要的本质，必须要把评价对象各个历史时期的不同需要加以综合，并把以前众多国内外学者对需要问题的研究成果进行总结和概括，从整体上分析需要的发展规律，以此来得出科学、合理的结论。

可见，获取需要评价主体的信息、需要评价客体的信息、需要评价方法的信息至关重要，这不仅能够使需要评价目的从理想向现实转化，而且可以为科学评价结果的形成提供有力的事实依据。所以说，获取需要评价信息对需要评价的成功起了至关重要的作用。

三、得出需要评价结果

需要评价的信息获取后，应当进一步根据这些信息来衡量主体的不同需要，以得出客观的评价结果。得出评价结果作为需要评价的最后一个环节，是评价主体对评价客体所达到预定评价目标的程度所作出的一种判断。要获得理想的评价结果，评价主体必须要按照需要评价标准的具体规定，认真整理、分析评价的相关信息，对评价对象做出综合的判断。一般来说，形成价值判断有以下几个步骤：

一是将需要评价标准具体化。也就是说，在需要评价的过程中，需要评价标准本来是应当准确反映评价主体需要的，然而，在实际的操作中，往往会出现需要评价标准不具体的情况，即评价者的需要与需要评价标准会出现不一致的情况。评价主体对自身需要进行评价和判断的过程中，一方面，评价主体认为自身的某种需要是合理的，但这并不是由于评价者在主观上有这种需要，而是因为评价者总是根据一定的外在道德规范来分析人的需要的合理性，而事实上人的这种需要并不一定是自身的真实需要。另一方面，评价主体有时也会忽视外在的社会发展规律，而仅仅关注自身的某种需要。这两种情况都会造成人的主观需要和需要的客观事实的不一致性，不利于人们对需要的评价和选择。而要解决这样的现实困境，就应当将需要评价标准具体化，将抽象性的、一般性的需要评价标准转化为实际的、具体的，符合人的需要和客观社会发展规律的评价标准。举个例子来说，在西方古代社会，社会主要以道德需要评价标准来作为评价的基本依据，这是由当时的社会发展状况决定的。然而，随着社会的发展和人的个性的张扬，在西方近代社会，社会又会以功利需要评价标准为评价人的需要的基本依据和尺度。这说明，需要评价标准随着社会的不断发展而不断变化。因此，在需要评价的过程中，应当根据社会发展的客观情况和人的需要状况，努力将需要评价标准具体化，以此来提高需要评价的合理性和科学性。

二是评价主体以具体的需要评价指标体系来衡量评价对象，得出总体的价值判断。也就是说，当具体的需要评价指标体系确立之后，评价主体应当利用科学的方法，对评价客体进行综合评价，得出一定的综合评价值，也就得到了对评价对象的价值判断。在需要评价的过程中，由于评价客体、评价目的的不同，对需要评价的结果有不同的要求。这时，可以采用具体的方法来对评价客体进行综合评价。一般来说，评价方法有相对评价法、绝对评价法、分析评价法等，然而，由于人的需要具有多层次的特点，因而常常要将多种评价方法综合起来使用，从不同方向对评价客体进行评价，从而使评价主体得出对评价客体的价值判断。而价值判断一般有两种情况出现，即"即时判断"和"延时判断"。所谓"即时判断"，是指评价主体根据评价客体的具体情况，在评价结果刚产生的时候所进行的一种判断。尽管"即时判断"进行的时间比较短，但是，这种判断仍然是经过对评价客体信息的分析和综合，并对评价结果所反映评价对象的实际状况程度来作出的判定。而"延时判断"是指评价主体对评价结果的反馈信息进行分析和了解后，经过一段时间，然后才对评价结果的实际意义作出一定的判断。在现实的社会实践中，通常将"即时判断"和"延时判断"相结合使用时。因为人们通常在对需要评价结果进行判断的时候，不仅要关注评价结果当时所反映的具体信息，而且要注意事后评价结果所反映的实际价值和意义。例如，要评价某种保健品是否能够很好地满足主体的保健需要，一方面，要看主体刚刚服用这种保健品时的情况，即是说，若主体感觉效果很好，说明这种保健品有一定的疗效。另一方面，在经过这种即时判断的时候，应当进一步对这种保健品进行延时判断，即在隔一段时间后，再根据主体的身体状况来判断这种保健品的实际效果。所以说，只有将"即时判断"和"延时判断"相结合使用，才能使评价结果科学合理。

综上所述，需要的评价过程就是在需要评价目的的指引下，获取需要评价的具体信息，在此基础上，对自身的需要进行全面评价和衡量，最终得出科学和合理的评价结果。

第五章 需要的实现

由于需要的评价和判断主要被用来给予建议和教导,"或者一般说,用来指导选择"。① 因此,主体在得出一定的评价结果之后,应当进一步对自身的合理需要进行选择,唯有此,才能使需要从理想向现实转化,最终促进需要的实现。

第一节 需要的选择

自从人类具有自我意识以来,就开始从事不同的选择活动。例如,个人从各种食品中选择最适合自己的食物,从不同的女性朋友中选择自己的恋人。随着社会的发展进步,人们可以选择越来越多、越来越好的事物。所谓需要的选择,就是指主体根据自身生存和发展的现实状况,来选择那些对主体有利的需要的过程和结果。在现实生活中,主体为了实现自身的某种需要,必须要不断地与外界进行物质和能量的交换,实际上,"我们总在不停地选择",② 以此来促进自身需要的不断满足。所以,现实的人就是在需要的选择中不断进化和发展的,而人类社会也是在一系列的需要选择的推动下,不断地产生和形成人类文明进化发展史。

一、需要选择的必要性

1. 需要的多样性是需要选择的内在依据

对于每一位现实的人来说,他的需要是多方面和多维度的,而主体在多样化的需要面前会感到无所适从,这时,主体就应当充分发挥自身的主体能动性,对自身的合理需要进行选择。随着经济社会的快速发展,不仅使人民

---

① R. H. Hare:The Language of Moral, oxford clarendon press, 1952. pp155.
② [法]亨利·柏格森:《创造进化论》,王珍丽、余习广译,湖南人民出版社1989年版,第80页。

群众的物质生活水平得到提高，而且使人们的精神文化需要得到提升。人民群众选择多层次、多样化需要的倾向更加明显，追求求真、求善、求美的愿望也更加强烈。

其一，从时间维度上论，人的需要具有多样性。由于社会发展具有历史性，随着社会的不断发展变化，人们对自身需要的要求也在不断提升，人们不再为满足基本的生存需要而感到困难重重，他们在实现自身生存需要的基础上，会进一步追求精神上的需要和社会关系的需要等等。这时，人的需要逐渐从单一、贫乏的需要走向更加丰富和多样化的需要。其二，从主客体的关系上来说，人的需要具有多样性。也就是说，对于一定的主体来说，他都有满足自身多样化需要的天性。即使是在生产力十分落后的奴隶社会，人们也有追求和选择物质需要和精神需要的倾向。同时，对于一定的客体来说，它们都具备满足人的需要的各种条件。一方面，自然界能满足人的不同需要。现实的人作为自然的存在物，他本身就是自然的一部分，他时时刻刻需要外部自然界提供物质资料和精神食粮来满足自己的物质需要和精神需要，而无论是自在自然界还是在人化自然界都具有满足人的多种需要的条件。另一方面，社会同样能满足人的各种需要。对于一个特定社会来说，统治阶级为了维护其统治，社会必然会努力满足人们最基本的生活需要，如解决吃穿、住房、医疗等问题，这是人民群众安居乐业的基础。在人的生存需要得到满足之后，社会又会进一步解决人们的就业问题，使学生不至于为事业而困扰。同时，为了实现社会的公平正义，社会也会尊重人民当家作主的权利，从而促进人的政治需要的实现。

可见，在现实生活中，人的需要多种多样，人们应当根据自身的实际情况，合理选择适合自身生存和发展的需要，来促进需要的实现。

2. 客观事物的多样性是需要选择的客观依据

需要的选择不是人的主观性的心理活动，而是主体对客观事物进行积极的改造和挑选。然而，人们在对自身的不同需要进行选择的时候，必然要受到一定社会客观规律性的约束，从而使客观事物的多样性成为需要选择的客观依据。

按照传统的观点，需要作为人的一种主观性的心理活动，它不仅是主体在社会生活中感到某种欠缺而努力获得满足的一种内心状态，而且是主体对自身或外部客观条件的反映。但是，把需要仅仅看作是人的一种主观性活动，这不仅没有真正了解人的需要的内涵，而且也不能把握需要的产生和形成的过程和结果。这说明，人的需要除了具有主观性的特点之外，还有重要的社会性特征。也就是说，由于客观事物具有多样性的特征，人们必须要在多样性的客观事物中选择自身所需要的东西，以促进自身需要的实现。一方面，客观事物的性质具有多样性。所谓多样性，是指不同事物之间的差别和每个事物内部多层次的构成要素。我们说客观事物的性质具有多样性，这主要是由于客观事物之间既有必然的联系，也有偶然的联系；既有直接的联系，也有间接的联系等。这些联系使客观事物之间成为相互联系的多样性的整体。而人们在面对这些多样性的客观事物时，不可能立刻就知道哪些客观事物能够满足人的某种需要，这时，人们就应当充分发挥自身的主体能动性，在对客观事物进行全面分析的基础上，进一步对适合自身需要的事物进行合理选择，以此来促进需要的实现。另一方面，客观事物的发展过程具有多样性。这说明，客观事物是在不断发展变化的，是由复杂多样的变化和运动构成的。在日常生活中，日月运行、四季变化等社会现象组成了客观事物的多样性特征。正是客观事物的这种多样性特征，构成了五彩缤纷的人类世界。而人们要想在在这种大千世界中立足，必须要根据客观条件的变化来选择自身的不同需要。

3. 实现需要手段的多样性是需要选择的现实依据

尽管需要体现了人的主体能动性，即人能够主动地认识客观事物，并对人的需要对象进行积极的改造，以实现自身的不同需要，但是，从根本上来说，需要手段必然要受到社会生产方式的决定和制约，正是在这个意义上，实现需要手段具有多样性的特征，而实现需要手段的多样性特征能够进一步促进需要的实现，因此，实现需要手段的多样性是需要选择的现实依据。

所谓实现需要手段，是指在实现主体需要的过程中，主体通过一定的实践活动来作用于客体，以达到或实现自身需要的中介。实现需要手段不仅受到主体因素的制约，而且受到一定的社会因素的约束。一方面，由于实现需要手段是主客体之间的桥梁。因此，人自身是掌握需要实现手段的主体力量，人们通常会根据自身的知识结构、情感态度、意志因素来决定如何利用手段来对客体进行改造。另一方面，需要实现的手段既不是从来就有的，也不是人的头脑主观自生的产物，而是社会长期发展的必然产物。也就是说，需要实现的手段取决于当时的社会发展状况。在不同的社会发展阶段，需要实现的手段会有所差异和改变，从而使实现需要手段表现出多样性的特征。例如，在原始社会，生产力发展水平极其低下，人们受到自身劳动能力和认识能力的限制，他们主要是通过使用石器的生产工具，依靠集体的劳动协作，来维持和满足自身的生存需要。在奴隶社会，随着社会生产力的进一步发展，人们开始使用铁器等金属工具，这时，人们满足自身需要的工具发生了很大的变化。在封建社会中，由于农业与家庭手工业相结合的自给自足的自然经济占据了统治地位，封建社会的特点是以封建庄园或一家一户为单位。在这种社会中，人们总是通过男耕女织的方式来满足自身的物质需要。在社会主义社会，随着社会经济的飞速发展，人们的生活节奏进一步加快，人们对社会生活有了更高的要求，在这种趋势的引导下，人的需要对象逐渐趋向多样化，人们不仅有追求物质需要的权利，而且也有实现精神需要的诉求。这时，为了满足人们的多方面需要，社会一般会通过工业等高科技手段来满足人的各种需要，进一步促进社会的不断发展。这是人的需要不断变化发展的普遍规律。正是由于在不同的历史时代，人们实现自身需要的手段有很大不同。所以，人们在实现自身需要的过程中，应当根据社会发展的要求，合理选择适合时代要求和自身需要的手段，最终促进需要的实现。

可见，在不同的历史时期，实现人们需要的手段和方式会有所不同，从而使人们以不同的实践方式来选择自身的不同需要，最终促进需要的实现。

二、需要选择的过程

对于现实的人来说，他们为了生存和发展，必然要对自身的不同需要进行合理选择，以促进需要的实现。主体进行需要的选择，大致可以分为三个阶段：第一个阶段为目标设定阶段，第二个阶段是实践操作阶段，第三个阶段是总结目标阶段。

1. 目标设定阶段

对于需要的设定阶段来说，主体要先设定好选择需要的目标，然后根据自身的需求状况来制定个人选择的目标，从而形成一个具体的目标锁链，使主体清楚地了解各种需要在目标锁链中所处的具体位置。由于这个目标不是人主观随意制定的，而是通过一定的实践活动对自身的需求状况仔细评估而得来的，因此，需要创造目标不仅存在于主体的意识中，而且存在于主体的对象之中，所以它是人的主观需要与需要的客观属性的统一。

首先，要根据需要和客观事物的联系来合理制定需要选择的具体目标。但是，由于需要和客观事物之间的复杂联系，人们不可能事先预料到主体需要的变化程度，这就造成主体无法事先制定进行需要选择目标的最佳方案。在这种情况下，人们只能根据主体当前的需求状况，以及需要的客观制约性，来设定一个具体的需要选择目标，当这个目标实现后，再根据具体情况，使主体的需要适应客观环境的变化，制定下一步的具体目标，依此类推。可见，需要选择目标的确立，是现实的人通过自身的实践活动建构起来的。在这里，主体通过分析需要产生的客观依据，结合一定的生产力、生产关系、分工等因素和需要的必然联系，来制定需要选择的具体目标。所以说，如果主体不根据客观现实来制定需要选择目标，那么，这种目标就是抽象的和不切合实际的。其次，设定需要选择目标具有超前性。主体在确定自身需要目标的时候，都是在一定的时间段中进行的，而随着时间的推移和变化，人的需要和选择目标必然会发生一定的变化，从而使需要选择目标具有超前性。也就是说，主体在确立需要选择目标的时候，常常蕴含着比现实需要更高的理想成分。这种理想扩大了人们进行需要选择的视野和境界，并用超越现实的信念，给主体以巨大的精神鼓励。正是需要选择目标的这种超前性，使需要的选择和经济社会发展之间出现某种不平衡状态。

总之，设定目标阶段是主体对需要进行选择的第一个阶段，这个阶段在需要选择的整体逻辑发展过程中发挥了巨大的作用，它不仅是主体正确选择自身需要的重要前提，而且也是主体实现自身需要的重要保证。

2. 实践操作阶段

主体在确定好需要选择的目标之后，要进一步运用合适的方法，充分利用先进的生产工具对客观事物进行改造，以此来实现需要选择的目标。在这个阶段，是主体使理想的需要转化为现实的需要的重要阶段。对于一个完整的需要选择过程来说，他不仅应当包括主观上的选择，而且包含现实上的选择。所谓主观上的选择就是主体根据自身的需要来制定需要选择目标的过程。而现实上的选择是指主体对需要选择目标进行落实，以实现自身的某种需要。要使人的需要真正实现，必须按照需要选择目标进行需要的创造，以此来发挥需要选择的价值和意义。

首先，需要选择的实践操作阶段和需要选择的目标确立阶段存在很大的不同。在需要选择的目标确立阶段，主体根据自身的需求状况和社会发展规律来制定需要选择的目标，这个过程是主体以目前的需要为主要依据，来对客体进行认识和反映，进而使客体的特点和属性转化为主体观念的发展过程。从某种意义上来说，这个过程是人们从主观上对自身的各种需要进行思维整合的历史进程。由于这个过程缺少人的现实的实践活动，严格来说，这个阶段仍然是一种应然状态的选择。与之不同，在需要选择的实践操作阶段，主体在现有需要选择目标的基础上进行"推理、再创造以解决前人未解决的问题的活动"①，这是一种能动的创造性活动。这种创造性活动不仅能够创造新颖的、前所未有的需要，而且能够加工那些过时的、滞后的需要，这是现实的人的一种高级活动过程。可见，需要选择的实践操作阶段和需要选择的目标确立阶段之所以存在很大不同，这主要是因为实践操作阶段是主体参与的能动的实践活动，因此，为了保证需要的实现，应当努力创造有利条件使实施过程顺利开展。

其次，需要选择的实践操作阶段是主体客体化和客体主体化的统一。需要选择的实践操作阶段是主客体之间相互作用和相互影响的过程，在强调主体客体化的同时，也要注重发挥客体的主观能动性，以促进主体客体化和客体主体化的统一。所谓主体客体化，是指在主客体相互作用的过程中，主体的内在因素向客体转化的过程。也就是说，在需要选择的实施阶段，主体为了选择自身的需要，他会运用物质工具改造客体，并把自己的主观因素凝聚在客体中，使客体按人的需要发生变化。正如马克思所认为的，在生产中，社会成员占有一定的自然产品来满足人们的某种需要，并且"生产制造出适合需要的对象"②。因此，"人生产中，人客体化"③。另外，由于需要的选择过程是主客体相互作用、相互影响的过程，因而在强调主体客体化的同时，也不能忽视客体主体化的重要性。所谓客体主体化，是指在主客体相互作用的过程中，客体外在因素向主体渗透、转化，使客体的对象化形式一步步内化为主体的本质力量。主体在需要选择的实施阶段，一方面，主体要消费掉需要选择的对象，使其转化为主体生命活动的一部分；另一方面，主体还应当进一步消化和吸收那些物化在客观对象中的人类活动的成果，使客体不断地向主体进行渗透和转化。关于这一点，马克思同样有深刻的论述，他指出："在消费中，产品脱离这种社会运动，直接变为个人需要的对象和奴仆，供个人享受而满足个人需要。"④ 其结果是，"在消费中，物主体化"。⑤可见，人的生产过程和消费过程分别对应着主体客体化和客体主体化的逻辑进程，而人的实践活动不仅改造着客体，而且改造着主体自身，所以，实践不仅是主体客体化和客体主体化的基础，而且是生产和消费的统一。

最后，要使需要选择得到有效实施，必须做到以下几点：

---

① 汝信：《社会科学新辞典》，重庆出版社1988年版，第97页。
② 《马克思恩格斯文集》（第8卷），人民出版社2009年版，第12页。
③ 《马克思恩格斯文集》（第8卷），人民出版社2009年版，第13页。
④ 同上。
⑤ 同上。

哲学视野中的需要理论研究

其一，对一些不能直接满足人的需要的物品进行加工，以促进需要的实现。随着经济社会的发展，人的需要也逐渐趋于多样化。也就是说，人不仅有自然性的需要，而且有社会性的需要；不仅有物质的需要，而且有精神的需要等。然而，由于种种原因，人们所迫切需要的某种事物却不能立刻满足人的贫乏状态。这时，就应当对这些事物进行加工，来满足人的需要。所谓加工，是指对"原材料或半成品做各种修整工作……使达到规定的要求"①。也就是说，在日常生活中，为了使一些不能直接满足人的需要的物品进行加工，常常通过改变这些事物的大小、形状、性质等方法来满足主体的各种需要。为了人类的生存和发展，人们必须要满足自身最基本的自然需要，例如水作为生命需要最主要的物质和来源，是人类赖以生存和发展的不可缺少的最重要的物质资源之一，满足人类对水的需要就成为各个时代重要的任务。然而，随着社会生产力发展和人口的迅速增长，人们的社会活动也日益增加，一些未经处理的工业废水、生活污水等废弃物，排入江、河之中，"从而造成地表水和地下水水质恶化"，②以及"利用价值降低或丧失的现象"③。水污染给人类的生活和自然环境带来极其严重的危害。它不仅会引起生产事故、农业减产，而且会进一步影响人们的娱乐、休息和日常生活。这时，水资源就失去直接满足人的需要的功能了。于是，为了人类生命的健康，必须要对这些水进行加工——提炼和处理，"把计划用水、节约用水、治理污水和开发新水源放在不次于粮食、能源的重要位置上"。④ 这样做不仅可以节省水资源、解除淡水危机问题，而且有利于人体的健康，从而促进人们需要的实现。需要注意的是，在对需要选择对象进行加工的过程中，加工的方法水平要与一定的社会生产力发展水平相适应。随着社会生产力水平的快速发展，人的需要也经历了由低到高、从贫乏到丰富的过程。在原始农耕社会，生产力发展水平和科技水平相对较低，在日常的农业生产中，由于化肥、农药等化学产品没有投入使用，水资源很少受到污染。在这种情况下，人们对需要进行加工的范围相对较小。但是，随着社会经济的发展，以前的粮食产量已不能满足人们日益增长的物质文化需要，于是，一些高科技的产品诸如化肥、农药等产品开始大量并投入生产使用，这些产品在促进社会发展和解决人们温饱问题的同时，又造成农产品污染、粮食质量下降的负面效应。

---

① 杨庆蕙：《现代汉语离合词用法词典》，北京师范大学出版社1995年版，第325页。
② 何盛明：《财经大辞典·上卷》，中国财政经济出版社1990年版，第994页。
③ 李民：《黄河文化百科全书》，四川辞书出版社2000年版，第383页。
④ 《陈云文选》（第3卷），人民出版社1995年版，第375页。

第五章 需要的实现

这时，为了全人类生存和发展的需要，社会必须就要在大的范围内对那些质量下降的农产品进行加工，以满足人们的需要。正是在这个意义上，人们对需要选择的对象进行加工是服从于社会生产力发展客观要求的，也是与生产力发展水平相适应的。

其二，创造合理的需要，促进主体需要的实现。在人们对自身需要的选择过程中，由于人的需要和社会发展规律往往不会完全一致，人的需要就会出现滞后的情况，在这种情况下，为了有效满足人的某种需要，主体必须要通过一定的实践活动对客观事物进行改造。在主体对自身选择的需要实施的过程中，选择不仅具有保存自身需要的作用，而且具有创造需要的作用。① 在某种意义上来说，这一过程对于"事物来说是创造的过程"②，所以，"选择的过程就是创造的过程"。③ 在现实的生活中，一定的生产活动代表了人的自我创造活动。在这一活动的过程中，一方面，人们要通过自己辛勤的活动，一步步创造人类社会和社会的历史，在此基础上，来不断"发现、创造和满足由社会本身产生的新的需要"④。另一方面，他们不仅把"具有尽可能广泛需要的人生产出来"⑤，而且还把他作为尽可能"完整的和全面的社会产品生产出来"⑥。这说明，在需要选择的实施阶段，人们要根据需要选择的具体目标进行创造，使人们不断地改造客观事物，不断创造适合人们需要的各种事物，最终促进需要的实现。

3. 总结目标阶段

需要选择的总结目标阶段是需要选择过程的最后一个阶段，在这个阶段，人们通过对目标设定阶段、实践操作阶段的分析与总结，以此来获得有意义的研究成果和需要选择的规律，从而促进需要选择的实现。总结目标阶段的成功与否，直接关系到需要实现的程度。总结目标阶段主要包括以下几个方面：

其一，目标设定是否明确。

需要选择目标的设定是整个选择活动的灵魂，它决定着整个选择过程的成败。要使需要选择达到预期的目的，主体所设定的目标必须明确。在需要

---

① 金炳华：《马克思主义哲学大辞典》，上海辞书出版社2003年版，第470页。
② 《马克思恩格斯全集》（第2卷），人民出版社2005年版，第376页。
③ 汝信、陈筠泉：《20世纪中国学术大典·哲学》，福建教育出版社2002年版，第307页。
④ 《马克思恩格斯全集》（第30卷），人民出版社1995年版，第389页。
⑤ 同上。
⑥ 同上。

· 133 ·

的选择中,只有目标明确了,才能对需要进行详细、精确的描述或界定。而目标不明确时,人们在对自身的需要进行选择时,往往是模棱两可的。所以,目标设定是否明确,直接影响到需要的实现。

在需要选择的过程中,人的任何选择行为都是为了达到主体的某种目标,但是,也有一些人在设定自身需要选择的目标时,不是十分明确,而目标不明确就会使主体精神懈怠、冷漠、涣散,并直接影响到实践操作的成败。因此,人们要有意识地明确自己的选择目标,并把实践操作阶段的选择活动与选择的目标进行对照,这样不仅可以了解到选择自身需要的目标是否合理,而且可以有效激发主体选择活动的积极性。因为设定明确、合理的目标,说明这种目标符合了人的某种需要,而只有当主体产生一定的需要时,才会形成某种行动的动机,并进一步推动人们从事某种选择活动,向事先设定的目标前进。所以说,人们对目标的设定越是合理、越是明确,它就越是能够不断激励人们去行动,去实现自己的理想。例如,人们对自身的需要进行选择,有时要树立长远的目标和规划。但是,要实现人的长远目标,必须要把这些目标具体化,即要选择什么样的需要?用什么样的标准进行选择?只有这样,才能促进主体进行合理的选择。

总之,在需要选择的过程中,应当根据实际情况把人们的长远目标分为一些阶段性的小目标,这些目标的难度、大小都要跟主体的实际需要相一致,只有这些目标明确了、具体了,才能明确主体的工作方向,以此来激发人们的创造性,最终促进需要选择的实现。

其二,需要选择手段是否合理。

在需要选择的过程中,正确把握选择需要的方法和手段对需要的实现起了重要的推动作用,因此,在总结目标阶段,也应当认真分析需要选择的手段是否合理。

所谓需要选择手段,是指主体在选择自身的不同需要时所采用的一切方法,是选择主体和选择客体之间的桥梁。需要选择手段是否合理包括主体条件和客观条件两个方面。对于人的主体条件来说,由于需要选择作为主体对自身需要的某种选择,因此,主体作为需要选择中的主动性因素,他对需要选择手段的合理性起了决定性的作用。也就是说,选择主体所持的立场和观点,以及对社会发展客观规律的把握程度等都会影响到选择手段的合理性。而客观条件同样也会影响选择手段的合理性。由于一定的社会发展状况直接影响人们对需要的选择,因而,生活在道德沦丧的环境中,人们将成为道德上的病人,他们不相信任何东西,不会关心别人的需要,而只会关注自己的需要，在这种情况下，人的需要、需要选择手段都在一定程度上发生了异化；相反，在和谐稳定的社会环境中，社会各方面的利益关系得到妥善协调，不同人之间的需要冲突得到正确处理，这时，人们也会自愿选择适合自身需要的合理手段。所以，要判断人的需要选择手段是否合理，不仅要认真分析总结人的主体因素对选择手段的影响，而且还要关注社会环境等因素对选择手段的制约。即是说，如果需要选择手段是合理的，那么，需要选择的主体因素和客观因素就会相互支持，需要选择的效果就会越明显。正是在这个意义上，我们才说需要选择手段是否合理，对需要选择的过程和结果影响很大。可见，在需要选择的过程中，第一步是主体对需要进行选择的设定阶段，即主体通过对自身需要的选择形成一定的目标和决策。第二步是需要选择的实践操作阶段，即主体运用一定的方法，来实现第一步所设定的目标和决策，从而达到主体的客体化。最后，通过对设定阶段和实施阶段中经验和教训的总结，从而为选择新的需要目标提供依据。

总之，需要选择是在需要评价的基础上，主体对那些能够有利于自身合理需要的一种选择。需要选择的科学与否直接决定了需要的实现。研究和探讨需要的选择，对于构建既能满足主体需要又能适应社会发展需要的需求观，具有重大的理论启示和现实意义。

第二节　需要实现的现实困境

从理论上讲，经过需要的合理选择，需要的实现应当是一帆风顺的。然而，在需要实现的实践中，出现了很多意想不到的问题，究其原因，主要在于主体的过量需求、主体的创造力不足、社会制度的缺失等原因。要使主体的各种需要得到不同程度的实现，应当采取一些原则和策略来克服这些问题和困境。

一、现实困境的原因

现实的人在实现自身需要的过程中，由于受到社会原因和主体自身因素的影响，使需要的实现出现了一些困难和障碍。总体来说，这些原因可以归结为以下几个方面：主体的过量需求、主体的能力不足、社会制度的缺失。

1. 主体的过量需求

在传统社会，受社会生产力发展水平的制约，人们的需求十分单一和适量,他们仅仅是为了满足自身生存的需要。然而,到了近现代社会,随着社会生产力的发展和社会文化的变迁,主体不断地对客观事物进行过量的追求和消费,从而造成了主体的过量需求。

近代以来,随着个人主义的抬头,人们对外在自然界的改造达到了前所未有的程度,人的需要也达到了更加丰富、多样化的状态,这时,不同的主体也有明显的不同需要,这对于张扬主体的个性,实现主体自由有一定的意义。而问题在于,每个人都有追求各种需要的天性,在对大自然改造的过程中,由于任何一种原因,"我们需要某种物质或物体,而这种物体同我们的需要不成比例,这就是匮乏"。① "匮乏"是一个基本不可避免的生活事实,人类历史就是一部与匮乏不断作斗争的历史。"匮乏是由于人的需求较多而供应有限,人为造成的供应和需求之间的差异"。② 因而,这种"根植于人类的社会本质之中的不满足的欲望,意味着征服自然也没有一定的目标,也没有内在的终点"③。在资本主义社会中,"匮乏"现象更为普遍,资本家为了追逐更多的剩余价值,不断地刺激人们进行新的需要和消费,社会所创造的需要远远大于人们满足的需要,不仅浪费了大量能源,而且使自然环境日益恶化。在这样的社会中,主体缺乏对事物和自身需要的正确的认识,从而不利于人的需要的实现。

2. 主体的能力不足

能力作为主体完成某项活动的内在心理特征,它是影响人们选择和实现某种需要最直接的个性心理特征。在需要实现的过程中,主体的能力发挥了巨大的作用。然而,在现实生活中,由于受到多种因素的影响,出现人的能力缺失的现象,从而不利于需要的实现。

一般来说,人的能力是指人在一切实践活动中所必需具备的诸如观察力、记忆力等能力。"可行能力"作为人的一种基本能力,"可行能力指的是此人有可能实现的、各种可能的功能性活动的组合。……或者用日常语言说,就是实现各种不同生活方式的自由"。④ "可行能力"的提高直接影响人们不同需要的满足。一方面,这种能力有助于满足人们的物质需要,"免受痛

---

① [法]萨特:《萨特自述》,河南人民出版社2000年版,第135页。
② 方德生:《萨特的匮乏论》,《湖南社会科学》,2004年第6期。
③ Wlilliam Leiss. The Limits to Satisfaction. Mcgill-Queens University Press, 1988, p. 38.
④ [美]阿马蒂亚·森:《以自由看待发展》,任赜、于真译,中国人民大学出版社2002年版,第62页。

苦——诸如饥饿、营养不良、可避免的疾病、过早死亡之类";① 另一方面,这种能力还有利于实现人的精神需要,它能够使人们"识字算数,享受政治参与等等的自由"②。然而,在现实生活中,由于主客观原因,往往会出现人的可行能力被剥夺(能力不足)的情形,以致难以形成促进个人发展所需要的内在动力。首先,能力不足不利于需要的产生。需要的产生不仅受到客观的社会发展状况的制约,而且要受主体自身因素的影响。而人的能力本身就是主体自身素质的一个重要方面,"人的需要与其能力密切相关,缺乏一定的能力常常就不可能产生相应的需要,如缺乏审美能力的人就不会产生欣赏交响乐、欣赏大自然之类的需要"③。因而,能力和需要紧密联系,能力不足不利于需要的产生;其次,能力不足不利于需要的评价和选择。主体在对自身的需要进行评价和选择的过程中,主体的能力因素发挥了重要的作用。对于一位具有极强能力的人来说,他能够在工作和学习中轻松自如,很好地对自身的需要进行合理的评价,以决定如何对需要进行科学的选择,从而有效地促进需要的实现。也就是说,"只有具备一定主体能力,需要才能真正得到满足"。④ 反之,缺乏一定的实践能力的主体,即使他所评价的需要十分合理和多样化,但是,他仍然不能有效地对这些合理和多样化的需要进行选择,最终会导致需要实现的破灭。

可见,主体的能力与需要的实现程度成正比的关系,也就是说,能力极强的人会促进需要的实现;而能力不足的人会阻止需要的有效实现。因此,社会应该通过多种方法来提高主体的能力,以促进需要的实现。

3. 社会制度的缺失

罗尔斯曾经指出,"正义是社会制度的首要价值"。⑤ 这说明,对于一定的社会制度来说,越是正义的制度,越是能够推动社会的发展和人的需要的实现。然而,在人类社会发展的进程中,原始社会、奴隶社会、封建社会、资本主义社会本身存在诸多的非正义成分,这直接制约着人的需要的实现。

原始社会作为人类社会最早的社会制度,这种制度以生产资料原始公社所有制为基础,由于社会制度的落后和生产力的极端低下,人的生存条件相

---

① [美]阿马蒂亚·森:《以自由看待发展》,任赜、于真译,中国人民大学出版社 2002 年版,第 30 页。

② 同上。

③ 孙伟平:《价值定义略论》,《湖南师范大学社会科学学报》,1997 年第 4 期。

④ 同上。

⑤ [美]约翰·罗尔斯:《正义论》,何怀宏等译,中国社会科学出版社 1988 年版,第 1 页。

当艰苦，在某些地方曾出现过人吃人的现象。奴隶制度是以奴隶主占有生产资料并直接占有和剥削奴隶为基础的社会制度。在这种社会制度下，奴隶主不仅占有所有的生产资料，而且占有奴隶本身，奴隶所能得到的仅仅是能够维持生命的最基本的生活需要。在封建社会制度下，土地等生产资料属于地主所有，农民经常受到地主的残酷剥削和压迫，农民的物质需要同样不能得到有效满足。资本主义社会作为最后一个剥削制度，它是以"资本家占有生产资料和剥削雇佣劳动为基础的社会制度"[1]。在这种制度下，资本家为追求剩余价值，"不惜任何代价追求经济增长，包括剥削和牺牲世界上绝大多数人的利益为代价"。[2] 不仅如此，资产阶级还通过制造虚假需要，来控制人们的消费需求，使"人们把贯注于消费当作满足需要的唯一源泉"[3]，从而使人们陷入无限追求虚假需要的消费之中。这种社会制度必然导致个体需要和社会需要之间冲突的爆发。与上面几种社会制度不同，社会主义制度是以公有制为主体的经济制度和人民当家做主的政治制度。社会主义制度作为一种先进的社会制度，在经济上，以公有制为主体、多种所有制共同发展，不断满足人民群众的物质需要。在政治上，使人民群众广泛行使民主权利，充分体现大多数人的主人翁地位，使人民群众的聪明才智能够得到最大限度的发挥。在文化上，不断满足人民群众日益增长的精神文化需要，丰富人们的精神世界，增强人们的精神力量，从而促进人的自由和全面发展。

可见，社会制度的缺失是主体需要不能顺利实现的客观原因，而越是正义的制度越是能够激发出人的主观能动性，发挥出个人的聪明才智，最终推动人的需要的不断提高、发展和实现。

二、现实困境的表现形式

需要的实现是一个复杂的社会现象，这个社会现象内部包括错综复杂的内部矛盾和冲突，归结起来，大致有不同主体需要之间的冲突、个体需要与共同体需要之间的冲突、需要的无限性与满足需要的客体有限性之间的冲突几种形式，这些矛盾和冲突既相互联系又有一定的区别，实现和满足人的各

---

[1] 罗肇鸿、王怀宁：《资本主义大辞典》，人民出版社1995年版，第246页。
[2] [美]约翰·贝拉米·福斯特：《生态危机与资本主义》，耿建新、宋兴无译，上海译文出版社2006年版，第13页。
[3] [加]阿格尔：《西方马克思主义概论》，慎之等译，中国人民大学出版社1991年版，第495页。

种需要，就是要解决这些冲突，使人与人、人与自然、人与社会都处于良好的和谐状态。①

1. 不同主体需要之间的冲突

根据马克思主义基本原理，矛盾是客观存在的，冲突作为矛盾的一种表现形式，是社会发展中不可避免的现象。冲突有很多种，既有合理的冲突，也有不合理的冲突。对于合理的冲突来说，它是社会发展的动力，应当承认它的存在；而对于不合理的冲突来说，就应当分析它产生的社会根源和主体原因，使其预防、控制在萌发状态。

在社会发展的不同历史阶段，会存在不同形式的冲突。在客观的物质条件缺乏的情况下，不同主体之间的冲突同样不可避免。首先，在经济方面，物质的匮乏是不同主体需要之间冲突的经济原因。在一定的社会条件下，若物质十分匮乏，每个人连最基本的生活需要都不能保证，这时，不同主体之间会由此而争夺同样的需要对象，其结果是，不同主体需要之间的冲突和斗争往往不可避免。其次，在政治方面，社会不平等是造成不同主体需要之间冲突的政治原因。对于任何一个社会来说，总是意味着要维持行为的合理化和规范化，以此来保证不同群体严格遵守各种行为规范。但是，在现实生活中总会有一些不平等现象出现，这种现象使不同主体之间关系恶化，并会带来一系列社会问题，影响社会的长治久安。最后，在思想文化方面，不同的需求观是造成不同主体需要之间冲突的思想文化原因。在现实生活中，由于每个人所处的社会地位、生活环境的不同，因而，每个人的需求观就会有很大不同。正是在这个意义上，达仁道夫指出："在现实的世界上总有不同的观点，因此就有冲突和演变。"②

可见，冲突普遍存在于人类社会的不同时代和各个领域，不管是客观物质条件缺乏的情况，还是物质资料极大丰富的社会，同样会使不同主体需要之间产生冲突，并影响主体需要的评价和选择，最终不利于需要的实现。

2. 个体需要与共同体需要之间的冲突③

在当今社会，社会在不断满足人们不同需要的同时，也出现了一些无法避免的负面社会现象，这些负面现象如分配结构不合理、政治上的不平等、价值观的不同等，是导致个体需要与共同体需要之间冲突的重要原因。

---

① 冲突既有合理的冲突，又有不合理的冲突。此节仅探讨不合理的冲突。
② [英]拉尔·达仁道夫：《现代社会冲突》，林荣远译，中国社会科学出版社2000年版，第115页。
③ 共同体需要包括群体需要和社会需要。

首先，经济上，分配结构不合理会导致个体需要与共同体需要的冲突。在西方发达资本主义国家，不同地区、不同社会群体之间有很大收入差距，而物质财产和金融财产分配的不平等使整个社会贫富差距悬殊，这会导致一系列的社会问题，甚至出现激烈的社会动荡。毋庸置疑，"现代的社会冲突是，提出要求的群体和得到了满足的群体之间的一种冲突"。① 分配结构不合理突显了现代社会的内在压制与紧张，是个体需要与共同体需要冲突的经济原因。其次，政治上的不平等是个体需要与共同体需要冲突的政治原因。在西方发达国家，某些社会集团处于权威地位，他们掌控了社会的经济资源、政治资源、组织资源，并利用手中的权力来获取远远超出自身需要的社会资源，而一些社会下层人民的生存状况却不尽如人意，他们仅仅能够得到维持自身生活的基本物质需要，这无疑会扩大社会上层和社会下层之间的不平等状况，而个体为了获取自身的正当需要就会和某些利益集团发生冲突，而且，"权威分布越是与其他资源的分布相关（多元重叠），冲突越是激烈"。② 正是在这个意义上，"从来没有设想过能够禁止个人之间和群体之间的冲突和斗争。……一个健全的社会并非没有冲突。相反，社会各组成部分之间充满了纵横交错的冲突"。③ 最后，文化上，价值观的不同是共同体需求观和个人主义需求观冲突的文化原因。在现代社会，商品经济在平等进行产品交换的基础上，不仅使人们的生活水平得到了大幅度的提高，而且使主体的自由个性更加独立，从而为不同主体提供了自由选择多元化需要的机会。平等自由的社会环境使人们逐渐养成了个人主义倾向，使个体需要凌驾于共同体需要之上。同时，在个人主义需求观盛行的环境下，不同主体对自身需要的选择也极具功利主义色彩，他们常常依据需要是否对主体自身有用，而不管这种需要是否对社会、对人民有益，从而造成了个体需要和共同体需要之间的冲突。

3. 需要的无限性与满足需要的客体有限性之间的冲突

在当代社会中，随着社会生产力的高度发展，人们的物质文化生活更加丰富，人们的需要也逐渐趋向多样化，这有助于人们从多维度选择合理的需

---

① [英] 拉尔·达仁道夫：《现代社会冲突》，林荣远译，中国社会科学出版社2000年版，第3页。
② [美] 乔纳森·H. 特纳：《社会学理论的结构（上）》，邱泽奇等译，华夏出版社2001年版，第176页。
③ [德] 刘易斯·科塞：《社会学思想名家》，石人译，中国社会科学出版社1990年版，第204页。

要。然而，人们在选择多样化需要的同时，也造成了主体对需要的过度追求和消费，从而引起需要的无限性与满足需要的客体有限性之间的冲突。

人们为了满足自身生存和发展的需要，不仅从自然界直接获取基本的生存需要，而且能够从大自然的美景中得到精神上的愉悦感，从而满足了主体的多样化的需要。主体对这些不同需要的追求和满足，使人类离开狭义的动物愈来愈远，并促使他们的需要不断完善和发展。然而，随着主体的各种新的需要的不断满足，他们的欲望也大大增强，而用于满足需要的对象却是有限的，若人类任凭自己的主观需要过度地对外在环境进行改造，必将面临自身生存环境的危机。正是在这个意义上，荀子认为："欲恶同物，欲多而物寡，寡则必争矣。"[1] 恩格斯也指出："需求和供给之间的和谐，竟变成二者的两极对立。"[2] 当今，要构建社会主义和谐社会，必须要认识到需要的无限性与满足需要客体有限性的矛盾，树立正确的需要观，克服消费主义的影响，在满足人们正当的物质需要的基础上，积极追求有利于自身和社会发展的精神需要，提升需要的层次，缓解人与外部环境的矛盾和冲突。这正如胡锦涛同志所指出的："要牢固树立人与自然相和谐的观念。……要倍加爱护和保护自然，尊重自然规律。对自然界不能只讲索取不讲投入、只讲利用不讲建设。发展经济要充分考虑自然的承载能力和承受能力，坚决禁止过度性放牧、掠夺性采矿、毁灭性砍伐等掠夺自然、破坏自然的做法。……建立和维护人与自然相对平衡的关系。"[3]

可见，人对多样化的需要的追求是张扬人的主体能动性的重要方面，但是，这种追求不能过度，而是应当以社会发展规律和人的合理需要为限度。唯有如此，才有助于加强人类与满足需要的客体之间的和谐关系，从而促进需要的不断实现。

第三节 需要实现的原则和策略

在需要实现的过程中，必然要遇到一些障碍，对于这些障碍，应当采取必要的原则和方法，才能得到有效克服。因此，掌握需要实现的原则和方法，对于需要的实现具有重要的理论价值和现实意义。

---

[1] 《荀子·富国》。
[2] 《马克思恩格斯文集》（第9卷），人民出版社2009年版，第563页。
[3] 胡锦涛：《在中央人口资源环境工作座谈会上的讲话》，人民出版社2004年版，第6页。

一、需要实现的原则

要促进人的需要的实现，很重要的几条原则就是应当坚持理想与现实相结合、同一与差异相结合、价值理性和工具理性相结合。这些原则是历史唯物主义和辩证唯物主义在需要理论中的具体运用，它们不仅是加强需要理论研究的重要原则，而且是促进需要实现的重要保证。

（一）理想与现实相结合的原则

需要实现的原则，是人们根据社会发展的客观规律，在总结主体的各种需要的基础上制订的旨在消除需要现实困境的根本准则。要使需要实现的困境得到缓解和消除，应当坚持理想与现实相结合这一重要原则。

所谓理想与现实相结合原则，是指主体在需要选择的过程中，应当坚持目标设定和目标实施相结合，使主体对需要的理想追求和客观实际相一致，从而引导人们正确认识自身的各种需要，最终达到需要的实现。关于理想和现实的关系，不是一种所谓的单向决定的关系，而是在实践基础上的双向互动的关系。一方面，主体对自身需要的理想选择，以及目标的制定，不是什么抽象和神秘的观念，它必然不能脱离一定的社会现实，因为"'思想'一旦离开'利益'，就一定会使自己出丑"[1]。在这个意义上，需要选择目标的设定必然要受到一定的社会历史条件的影响。而随着客观现实的不断发展变化，人的需要会发生变化，于是，人们选择自身需要的目标也必然会随之发生改变。另一方面，需要选择目标的实施也不是随意的，而是要在一定主体的理想指导下进行的，即在需要选择目标设定的基础上进行创造性活动。所以说，在现实生活中，人们之所以能够不断选择自身的各种需要，这主要在于他们在进行实践活动之前，"'思想'和'观念'中都会远远超出自己的现实界限"[2]，使人们的理想能够为现实的活动指明发展和前进的方向，最终促进主体需要的合理选择和实现。

可见，坚持理想与现实相结合的原则，是需要选择过程中协调目标设定和目标实施之间关系的有效原则，通过这种原则，有助于主体对自身的不同需要进行合理的选择，最终促进需要的实现。

---

[1] 《马克思恩格斯文集》（第1卷），人民出版社2009年版，第286页。
[2] 同上。

(二) 同一与差异相结合的原则

如前所述,在需要实现的过程中,个体需要与共同体需要会发生一定的冲突,而冲突的表现就是个人与集体、社会的对立与冲突。要使这种冲突达到和解,应当坚持同一与差异相结合的原则,既要兼顾共同体需要的同一性,又要保持两者需要的差异性,唯有此,才能促进个体需要的实现。

个体需要和共同体需要是对立和统一的辩证关系。一方面,两者是对立的关系,这种对立在某些方面体现了集体主义思想和个人主义观念的差别性,集体主义和个人主义作为两种不同的道德原则,前者关注的焦点是集体的需要和利益,也就是说,当集体的需要和利益和个体的需要和利益相冲突时,应当以集体的需要和利益优先。而个人主义强调个体需要的重要性,并以个体需要为核心来评价和看待问题的一种思想。另一方面,个体需要和共同体需要又是统一的关系。首先,个体需要是共同体需要存在和发展的基础,"全部人类历史的第一个前提无疑是有生命的个人的存在"。[①] 只有个体需要得到了很大程度上的满足,才能实现共同体的需要。因此,个体需要的满足状况是衡量社会发展进步的重要尺度。其次,任何个体的需要都不能离开共同体而单独存在,共同体是实现个体需要的前提和基础,"只有在共同体中,个人才能获得全面发展其才能的手段"。[②] 从这个意义上来说,只有在一定的社会和集体中,个体需要才能得到实现。

可见,为了克服需要冲突的困境,应当在坚持社会主义集体主义需求观的基础上,关注人的各种需要,从而实现个体需要和共同体需要的有机统一,最终促进人的需要的实现。

(三) 价值理性和工具理性相结合的原则

在需要实现的过程中,难免会遇到各种各样的需要冲突,不论是不同个体之间需要的冲突,或者是个体需要与共同体需要之间的冲突,都显示了价值理性和工具理性的分裂。为了有效克服需要实现的冲突,应当坚持价值理性和工具理性相结合的原则。

关于"工具理性"和"价值理性"的概念,最早由马克斯·韦伯提出。他认为,所谓的"工具理性",就是通过对外界事物的了解和期待,并利用

---

① 《马克思恩格斯选集》(第1卷),人民出版社1995年版,第55页。
② 《马克思恩格斯选集》(第1卷),人民出版社1995年版,第67页。

这种期待来"作为'条件'或者作为'手段',以期实现自己合乎理性所争取和考虑的作为成果的目的"。① 可见,工具理性是人们为了达到某种目的,能够选择不同手段的行为活动。也就是说,工具理性主要关注行为成功的手段,而不看重行为本身存在的价值。而对于价值理性来说,它是指通过有意识地对一个特定的行为,来作任何"阐释的—无条件的固有价值的纯粹信仰,不管是否取得成就"②。很明显,价值理性关注的核心是事物和行为的固有价值,它不管追求某种事物所采取的手段和结果状况。在现实的社会实践中,任何事物都有"工具理性"和"价值理性"的二重性,对于人的需要来说亦是如此。一方面,在需要评价中,主要侧重于需要的价值理性。由于需要评价是作为主体对需要的合理性与否的一种判断,并通过这种判断来审视主体所需要的对象是否符合社会发展和人性的要求,因而,从内容取向上来说,需要评价本身就是一种"价值理性"。另一方面,在需要的选择中,主体更加重视需要的工具理性。由于需要的选择体现了主体对不适合自身需要的事物进行加工改造,这种实践活动的主要旨归在于追求效率,即通过现实的实践活动来创造、加工更多更好的物品来满足人的需要,所以,需要的选择也内在地包含了技术理性的内容取向。在需要的实现中,一方面,主体可能只是单纯关注需要的价值理性,而忽视了需要的工具理性,结果使需要的创造效率低下,不利于主体需要的实现。另一方面,主体仅仅注重需要的工具理性,而忽视了需要的价值理性,导致主体对大自然进行过度的开发和改造,从而引起了人和自然的冲突。所以,需要理论作为一种全新的科学合理的理论,在需要的实现中,应当既关注价值理性,又注重工具理性,从而达到两者的融合和统一。

这说明,在需要理论的内涵中,需要评价所倡导的价值理性是以需要选择的工具理性为基础,而需要选择所提倡的工具理性又以需要评价的价值理性为导向。正是需要评价和需要选择的相互促进的关系,才使现实的人在实现自身需要的时候,不仅注重需要的价值合理性,而且关注需要的效果性,最终有利于人的需要的不断实现。

(四) 优势需要和基本需要相结合的原则

在需要实现的过程中,人的需要有很多种,不仅有自然性的需要,而且

---

① [德]马克斯·韦伯:《经济与社会》(上卷),林荣远译,商务印书馆1997年版,第56页。
② 同上。

也有社会性的需要。对于这些不同的需要来说，人们都会选择自身的优势需要，因为这种需要相对于其他需要来说，是人们当下最迫切的。但是，人们在选择自身的优势需要的时候，又不能忽视其他基本需要的重要性，只有这样，才能促进需要的不断实现。

一方面，人们应当优先选择自身的优势需要。在现实生活中，面对多种多样的需要，主体会感到事事无奈，无所适从，不知如何去选择自身的需要。然而，在主体的这些多样化的需要之中，必然有一种需要会在这些众多需要中占据优势地位，这些"最占优势的目标支配着意识，将自行组织去充实有机体的各种能量"[1]，这时，这种需要就成为当下人们最为迫切、最为渴求的一种需要。其结果是，主体就会竭尽全力地来优先选择这种优势的需要，以满足自身的缺乏状态。例如，对于一个地方的领导干部来说，出于工作的需要，他会经常洞察民情，了解群众的各种需要。但是，在这个过程中，最重要的事情就是领导干部应当充分了解到群众的迫切需要，并采取一些强有力的措施，来解决人民群众当前的困难，以达到凝聚民心的作用和效果，这样才能促进社会的和谐。另一方面，在优先选择自身的优势需要的同时，也应当兼顾其他的基本需要。由于人的不同需要之间是相互联系和发展的，若只是片面选择某些优势的需要，而"遗忘或否定"[2] 其他不占优势的基本需要。在当下看来，这样做能够很快满足自身的缺乏状态，但是，从长远来看，随着社会的发展，那些被遗忘或否定的需要反而会成为主体选择优势需要的障碍。

由此可知，为了促进人的不同需要的合理选择，应当兼顾主体的不同需要，既要注重选择优势的需要，又要关注基本的需要，只有这样，才能不断地促进需要的实现。

二、需要实现的策略

在需要实现的过程中，不仅要坚持一定的原则和方法，而且要注重一些具体的策略，才能使人的不同需要得到满足。具体来说，需要实现的具体策略包括社会层面和个人层面两大部分，充分掌握这些策略，不仅具有重大的理论价值，而且有深远的现实意义。

---

[1] ［美］马斯诺：《人的潜能和价值》，杨功焕译，华夏出版社1987年版，第176页。
[2] 同上。

（一）在社会层面

1. 利益调节

改革开放以来，人的主体性日益凸现和张扬，人们也愈来愈关注自身的不同需要。然而，在实现人的需要的过程中，仍然存在着许多冲突和矛盾，究其原因，主要是人与人之间的利益关系的冲突。因此，应当通过不同利益主体的调节，协调好不同主体的利益关系，以促进需要的实现。

需要和利益是人类生命活动中不可缺少的重要环节，两者的关系密切，不可分割。需要是人们基于"社会发展和人的发展状况而产生的对人的存在和发展条件的缺失或期待状况的观念性把握"，需要不仅有主体性，而且有客观性。需要内容广泛，从不同的角度有不同的分类。而所谓的利益，就是一定的"客观需要对象在满足主体需要时，在需要主体之间进行分配时所形成的一定性质的社会关系的形式"①，可见，利益是需要在一定的社会关系中的表现。由于需要在一定条件下能够形成一定的利益，所以，需要是利益产生的现实基础。在现实的社会生活中，人们所争取的一切，都和他们的利益息息相关。无论是不同个体需要之间的冲突，还是个体需要与共同体需要之间的冲突，其实都是利益的冲突。在任何国家、任何时代，无论发生什么样的社会矛盾，都要重新调节人与人之间的利益关系，以缓解和避免不同形式的需要冲突。正如我们国家在改革开放的几十年中，虽然社会生产力取得了巨大的发展，人民群众的生活水平得到了很大的提高，人的物质需要也得到了不同程度的满足，但是，人的精神需要、发展需要并没有得到完全满足。这时，就会出现如传统需求观念与现代需求观冲突的社会现象。在这种情况下，社会就应当建立合理的利益分配机制，以协调不同主体的利益关系，从而促进社会的稳定和人的需要的实现。

总之，利益调节是缓解需要冲突的重要策略，通过这种策略，不仅促进了不同主体的需要实现，而且促进了社会的稳定和发展。

2. 制度建设

在经济全球化的时代背景下，很多国家都十分注重人的多样化需要，把满足人的需要看作社会发展的根本，但是，这些国家在取得巨大成就的同时也出现了一些需求矛盾和冲突。这些问题在一定程度上反映出了人的需要与制度建设的反差效应。可见，在需要实现的过程中，应当通过推进和加强制

---

① 王伟光：《论利益范畴》，《北京社会科学》，1997年第1期。

度建设来有效缓解需要冲突的压力。

制度建设是指按照社会发展和人的需要的现实要求，来对一定的制度所进行的社会实践活动。也就是说，制度建设的根本目的是通过满足人的不同需要，来维护社会的稳定。根据马克思主义基本观点，制度作为一定社会关系的产物，是人类生存和发展的基本方式，它与人的需要形影不离，息息相关。尽管生产力是实现人的需要的根本途径，但是，这并不能代替制度能够满足人的需要的作用。在这个意义上来说，在现实的生活实践中，应当把握好需要和制度的关系。在罗尔斯看来，"社会制度应当这样设计，以便事情无论变得怎样，作为结果的分配都是正义的"。[1] 也就是说，分配正义的主要问题是社会体系的选择，通过实施分配正义，社会为人们提供一个公正的社会环境，引导社会稳定有序的发展，以此来实现人的不同需要。目前，我们国家正在深化行政管理体制改革，建设服务型政府，着力转变政府职能，大力发展社会福利事业，直接或间接地回应人的不同需要，如对于那些无劳动能力者、丧失劳动能力者和暂时失去工作的人，社会主要通过福利制度来满足他们的需要。[2] 在此基础上，社会能有效控制人的不合理需要，正确规范人的行为，在一定程度上缓解不同主体之间的需要冲突，最终促进需要的实现和社会的和谐。

3. 舆论引导

改革开放以来，随着社会生产力的飞速发展和文化多元化思想的影响，人们对需要的诉求也在不断地发生变化。与此同时，一些负面的问题也层出不穷：不同个体需要之间的冲突、个体需要与共同体需要之间的冲突等。从这些问题中可以看出，要取得需要的实现，不仅要在经济关系、政治制度上入手，而且应当加强舆论引导，使不同的主体在思想上保持一致，以此来促进需要的实现。

在现实生活中，在社会发生一些重要事件时，总会有代表不同利益关系的群体和集合，他们会对这些事件形成不同的心理反应。而这些心理反应会在社会中形成人们所普遍赞同的、并且能够在心理上产生共鸣的一致性意见，这时，也就形成了所谓的舆论。可见，舆论作为一种特有的社会评价活动，它代表了社会公众的共同意见和态度，"传达着多数人的信念、意志和

---

[1] [美]约翰·罗尔斯：《正义论》，何怀宏、何包钢、廖申白译，中国社会科学出版社1988年版，第275页。

[2] Room. The Sociology of Welfare: Social Policy, Stratification and PoliticalOrder. Basil. Blackwell. 1998: 57.

要求"。① 它不仅体现了人民群众对现实生活中的各种社会现象的总的看法，而且也表征了不同社会主体的心理活动。因此，通过舆论不仅可以引导人们的思想，而且能够化解不同主体之间的需要冲突，这对于推动社会的稳定发展和促进人的需要的实现都有重要的现实意义。在当今社会，由于受到一定社会生产力发展状况和文化多元化思想的影响，人的需要越来越表现出易变性和多元化的特征，这些特征容易使不同主体之间的思想产生分歧，并使他们的需求观发生碰撞，进而造成他们之间需要的冲突，从而不利于人的需要实现。要解决这些现实的困境，仅仅依靠单个人的力量是远远不够的，必须要充分发挥全社会所有成员的共同力量。正是这些原因，社会应当充分发挥舆论的引导作用，用正确的需求观来激励个体，使他们的不同需要在集体主义需求观的引导下形成共识，从而解决不同主体的需要冲突，最终促进需要的实现。然而，社会在运用舆论引导时，有一个非常重要的问题应当引起重视。也就是说，舆论监督是一把双刃剑，引导得好，可以有效地促进社会的和谐，反之，则会造成一些负面的社会影响。所以说，舆论在进行引导的时候，应当以有利于消除需要冲突为原则，站在对国家、对人民高度负责的态度，以此来推动社会的不断进步。

总之，舆论引导是消除人的需要冲突的有效手段，只有合理地运用，才能发挥维护社会和谐的作用。我们相信，通过全社会的共同努力，必将能不断促进需要的实现。

（二）在个人层面

1. 道德自律

改革开放以来，随着社会主义市场经济的进一步完善和发展，社会的发展能不断满足人们的物质需要。然而，人们对物质需要的过度追求达到了前所未有的地步，这种状况容易使人的需要发生异化，造成不同主体之间需要的冲突。因此，应当加强人的道德自律，以此来引导人们对物质需要的正当追求。

所谓道德自律，在通常的意义上，是指人们在通过对社会伦理道德规范的认识的基础上，使主体主动认同和接受这些规范，并使之指导他们的行为的过程。道德自律强调了道德主体的道德自觉性，道德自律的内涵主要有几个方面内容：首先，道德自律体现了人的道德意志约束，这种约束性使人们

---

① 李良荣：《新闻学导论》，高等教育出版社2006年版，第12页。

对道德与一定社会规范的认同。其次,它表征了人们对爱好和需要的一种把握。也就是说,人们在道德约束的前提下,能够进一步对客观事物进行认识和评价,从而为正确选择自身的某种需要创造条件。道德自律在需要的实现过程中发挥着巨大的作用,它直接影响着道德主体的评价模式和行为选择,有助于需要的实现。

道德自律的培养和形成是从外到内的转化过程,起初,人的主体意识发展不太完全,对社会规律和道德规范的把握也不深入,他们总是以被动的心态来看待外在的道德规范,以消极的行动来适应这个社会。而随着社会的不断发展,人的主体性得到进一步增强,他们对外界事物的发展规律的把握日益深刻。于是,他们会主动遵循社会公认的合理的道德规范。这时,就形成了人的道德自律。道德自律不仅是"道德的唯一原则"[①],而且是需要实现的保证。但是,由于受到市场经济功利主义原则的影响,人们对物质需要的追求远远超出了自身的真实需要,从而引起主体虚假需要的盛行,这种状况不仅不利于自身需要的实现,而且会导致不同主体对同一需要的冲突,在这种情况下,为了使主体能够合理地追求自身的不同需要,避免不同主体的需要冲突,应当加强社会伦理道德建设,发挥主体的道德自律的作用,使这些伦理道德成为主体自觉遵守的法则。

2. 心理沟通

所谓心理沟通,是指通过对不同主体内心感情的交流和疏通,来达到内心的平衡状态。由于受到社会发展状况和主体自身素质的影响,人们在追求不同需要的过程中,心理上会出现某些障碍,这不仅不利于人与人的关系的和谐,而且不利于自身需要的实现。因此,为了促进需要的满足和实现,要充分发挥心理沟通的重大作用。

当前,中国正面临着社会转型的关键时期,一定社会的经济、政治、文化等社会关系都要发生重大的调整和变化,在这种形势下,主体对自身的需要进行追求时会遇到前所未有的困难和艰辛。然而,人们为了更好地实现自身的多元化需要,必须要面对和适应这些变化。在现实的生活实践中,很多人由于自身缺乏一定的心理调控能力,使他们对需要的认识和评价发生了偏差,从而形成了痛苦、悲观的不健康心理。这种心理障碍的产生,不仅不利于人的身体健康,而且会妨碍需要的实现。正是如此,党的十六届六中全会通过的《中共中央关于构建社会主义和谐社会若干重大问题的决定》提出:

---

① [德] 康德:《道德形而上学原理》,苗力田译,上海人民出版社1986年版,第60页。

"注重促进人的心理和谐,加强人文关怀和心理疏导,引导人们正确对待自己、他人和社会,正确对待困难、挫折和荣誉。"① 也就是说,应当用心理沟通的方法,加强心理健康教育,认真调整主体的认知结构,并调节主体情感和意志上的偏差,达到心理的平衡和健康,塑造自尊自信、积极向上的心态。唯有此,才能克服主体心理障碍的产生,为实现主体的各种需要创造有利的条件。

可见,心理沟通不仅是消除人与人之间障碍的保障,而且也是促进人的生存发展的必要条件。从这个意义上说,心理沟通是人的需要实现的重要条件和保证。

3. 提高能力

人在需要实现的过程中,往往会遇到各种各样的障碍,诸如客观性的障碍、中介性的障碍等。但是,除了这些障碍之外,还有人的主体性障碍。对于人的主体性障碍来说,主要是由于主体的能力不足造成的,因此,应当提高人的能力来消除主体性障碍,最终实现人的各种需要。

能力不仅是人的生命活动中的基本功能特性,而且是生命活动的最基本的推动力。尽管人的需要支配着能力,并对能力有一定的决定作用。但是,对于现实的人来说,能力作为他们能够胜任某项任务的主观条件,它不仅会直接或间接地影响到实践活动的效率,而且会影响到需要实现的过程和结果。由于受到不同主体能力的影响,需要可以分为无效需求和有效需求,而所谓的无效需求,"就是因为他一时'无能力'满足这种需要";②"有效需求"则是指人们有能力来满足自身的不同需要。这说明,正是由于人的能力不足,才造成了需要不能顺利实现的现实。所以说,在日常生活中,现实的人能否充分发挥自身的主观能动性,正确对自身的需要进行评价和选择,这与主体的能力密不可分。也就是说,一个能力极强的人,不仅能够对自身的需要进行科学的评价,而且能够对这些不同的需要进行合理选择,使自身的需要与他人的需要、社会的需要协调一致,从而有效地避免、缓解需要的冲突,最终促进需要的实现。相反,若一个人不具备某种特定的能力,他往往会缺乏正确判断自身不同需要的素质,不能对自身的需要进行科学的评价和选择,从而引起不同主体的需要的冲突,并会使需要冲突扩大化、长期化。

---

① 《十六大以来重要文献选编》(下),中央文献出版社 2008 年版,第 662 页。
② 马俊峰:《评价活动论》,中国人民大学出版社 1994 年版,第 279 页。

总之，主体在追求各种需要的过程中，应当培养和提高他们的相应能力，只有这样，才能充分发挥主体自身的能动性，使主体的不同需要得到有效满足，以此来促进需要的实现。

第四节　需要实现的规定性和特点

一、需要实现的规定性

由于需要的实现是人的需要从"潜在"状态向"现实"状态转化的过程。因此，在需要实现的过程中，只有先明确需要目标，才能对需要进行合理选择，最终促进人的自由全面发展。这是人的需要不断得到满足和社会不断发展进步的过程。具体来说，需要实现的规定性包括以下几个方面：

首先，明确需要选择目标是需要实现的基本前提。

明确需要选择目标不仅是整个选择活动的灵魂，而且是需要实现的前提和基础。也就是说，要促进需要的实现，主体首先要明确需要选择目标。只有目标明确了，才能对需要进行详细精确的描述或界定。而目标不明确时，人们在对自身的需要进行选择时，往往是模棱两可的。所以，目标设定是否明确，直接影响到需要的实现。

一般来说，在需要实现的过程中，人的任何选择行为都是为了达到主体的某种目标。但是，也有一些人在设定自身需要选择的目标时，不是十分明确，而目标不明确会使主体精神懈怠、冷漠、涣散，并直接影响到实践操作的成败。因此，人们要有意识地明确自己的需要选择目标，并把实践操作阶段的选择活动与选择的目标进行对照，这样不仅可以了解到选择自身需要的目标是否合理，而且可以有效激发主体选择活动的积极性。因为设定明确的和合理的需要选择目标，说明这种目标符合人的某种需要，而只有当主体产生一定的需要时，才会形成某种行动的动机，并进一步推动人们从事一定的社会实践活动，并向事先设定的目标前进。在这个意义上，人们对目标的设定越是合理、越是明确，它就越是能够不断激励人们去行动，去实现自己的理想和需要。人们对自身的需要进行选择，有时要树立长远的目标和规划。但是，要实现人的长远目标，必须要把这些目标具体化，即是说，人们要选择什么样的需要，这种需要是物质需要还是精神需要；或者说，人们要选择多种需要还是单一的需要以及要用什么样的需要评价标准进行选择等。在现实的工作和学习中，人们经常会根据实际情况把一些长远目标分为一些阶段性的小目标，这些目标的难度、大小都要跟主体的实际需要相一致，只有这样，才能使这些需要选择目标明确化、具体化，进一步明确主体的工作方向，以此来激发人们的创造性，最终促进需要选择的实现。

总之，明确需要选择目标是需要实现的基本前提，只有需要选择目标明确了，人们才能够有意识地对需要进行选择，最终促进需要的实现。

其次，掌握合理的选择手段是需要实现的关键环节。

在需要实现的过程中，虽然明确需要选择的目标十分重要，但是，这仍然是处于需要实现的理想阶段，要使人的需要从理想向现实转化，必须要通过合理的选择手段才能达到。

所谓需要选择的手段，是指主体在选择自身的不同需要时所采用的一切方法，是选择主体和选择客体之间的中介。一般来说，需要选择的手段是否合理包括主体条件和客观条件两种。对于需要选择的主体条件来说，而主体作为需要选择中的主动性因素，他对选择手段的合理性起了决定性的作用。也就是说，选择主体所持的立场和观点，以及对社会发展客观规律的把握程度等都会影响到选择手段的合理性。随着社会文明程度的提高，人们明辨是非的评价能力不断增强，这为需要选择手段的合理性提供了必要的前提。同样，需要选择的客观条件也会影响选择手段的合理性，因为一定的社会发展状况直接影响人们对需要的选择。生活在道德沦丧的环境中，人们将成为道德上的病人，他们不相信任何东西，不会关心别人的需要，而只会关注自己的需要，在这种情况下，人的需要、需要选择的方法都在一定程度上发生了异化。相反，在和谐稳定的社会环境中，社会各方面的利益关系得到妥善协调，不同人之间的需要冲突得到正确处理，这时，人们也会自愿选择适合自身需要的合理手段。

可见，要判断人的选择手段是否合理，不仅要认真分析总结人的主体因素对选择手段的影响，而且还要关注社会环境等因素对选择手段的制约。如果选择需要的手段是合理的，那么，需要选择的主体因素和客观因素就会相互支持，需要选择的效果就会越明显。而人的选择手段一经确立，那就决定了需要选择的结果。正是在这个意义上，我们才说需要选择的手段是否合理，对需要选择的过程和结果影响很大。

最后，促进人的自由而全面发展是需要实现的目的和要求。

实现人的需要，不仅是马克思主义人学的最高价值追求，也是中国特色社会主义现代化建设的实践要求。需要理论认为，需要是人的本性，人的自

第五章 需要的实现

由和全面发展的实现程度表现为需要的满足程度,因而促进人的自由而全面发展是需要实现的目的和要求。所谓需要的实现,就是指人的需要在自然状态和社会生活中得到全面实现和满足。也就是说,一方面,在自然状态下,人的需要能够得到不同程度的满足,促进人的自然需要的满足;另一方面,在一定的社会关系中,使人的社会需要得到社会的承认和尊重,从而使人的本质力量得到展现。正如改革开放以来,我们党领导全国人民开创了一条有中国特色的社会主义现代化道路,极大地增进了人民群众的经济利益、政治权利和文化权益,这些都为人的自由而全面发展奠定了现实基础。具体来说,包括以下几个方面:①

其一,在经济上,发展社会主义国家的生产力,有利于满足人民群众的物质需要,为实现人的自由而全面发展提供物质基础。生产力作为社会发展的决定力量,他决定着社会的总体发展状况。生产力的高度发展能消除异化和社会分工,使人们自由自觉地选择有意义的工作。正是在这个意义上,马克思指出,在共产主义社会,劳动不仅是人们谋生的手段,而且成了生活的第一需要。这时,"随着个人的全面发展,他们的生产力也增长起来"。② 相反,若没有生产力的发展,社会就会出现贫穷的普遍化,"而在极端贫困的情况下,必须重新开始争取必需品的斗争,全部陈腐污浊的东西又要死灰复燃"。③

其二,在政治上,通过制度创新来实现人的政治需要,为实现人的自由而全面发展提供政治保证。随着社会的不断发展,人的需要也在发生一定的变化。而制度作为满足人的不同需要的规则,它应当根据人的需要的变化,来不断加强制度创新,从而为人的需要满足创造制度条件。由于人的需要是推动社会发展的内在动力,当人的需要发生了变化,这意味着一定社会的生产力也在发生变化,而制度为了适应生产力的发展需求,必须要进行制度创新,从而为人的需要满足提供有利的制度环境。正是在这个意义上,罗尔斯指出:"社会正义原则的主要问题是社会的基本结构,是一种合作体系中的主要的社会制度安排。"④ 也就是说,社会制度是正义的主题,人的政治需要会受到一定社会的基本社会制度体系的影响。所以,我们应当根据社会主义市场经济的需要,建立新型的社会主义民主政治体制,不断满足人的政

---

① 董晓飞:《马克思主义人学理论探微》,《中共四川省委党校学报》,2012年第3期。
② 《马克思恩格斯全集》(第25卷),人民出版社2001年版,第20页。
③ 《马克思恩格斯文集》(第1卷),人民出版社2009年版,第538页。
④ [美]约翰·罗尔斯:《正义论》,何怀宏等译,中国社会科学出版社2003年版,第54页。

治需要,最终实现人的自由和全面发展。

其三,在文化上,建立合理的社会主义核心价值观,来满足人的文化需要,为实现人的自由而全面发展提供强有力的文化支撑。在我国现阶段,社会主义市场经济在展示其正面作用的同时,也表现出了其负面的影响。如个体虚假需求上涨,过于强调工具理性而忽视价值理性。因此,进行社会主义文化建设,应当树立科学的世界观、人生观、价值观,消除人的虚假需要,满足人的真实需要,培养高尚的道德情操和理想人格,构建一个健全的社会,从而实现人的自由而全面的发展。

总之,在需要实现的过程中,通过满足人民群众的物质需要、政治需要、文化需要,来使人民群众的积极主动性得到充分发挥,最终实现人的自由和全面的发展。正是在这个意义上,促进人的自由而全面发展是需要实现的目的和要求。

二、需要实现的特点

人的需要的实现是在实践的基础上,需要主体和需要客体所进行的互动关系。这种关系引发了人的需要实现的特征,具体来说,需要实现的特点包括以下三个方面:

(一) 历史性

在需要实现的历史进程中,人的需要、需要的对象都是在一定的历史条件下按某种规律不断产生、发展的,无论是在原始社会,还是在资本主义社会,随着社会的不断发展,人的需要也在不断得到实现,从而使需要的实现表现出一定的历史性。

在原始社会,社会生产水平低下,生产工具十分简陋,在这种情况下,需要的对象十分单一,往往局限于外在的自然界;而人的需要也相对贫乏和低级,人们只是从大自然中直接索取一定的物质资料来满足自身的生存需要。随着生产力的不断发展,社会历经第一次社会大分工、第二次社会大分工,这两次大分工都推动着生产和商品交换的发展,"人的劳动力所能生产的东西超过了单纯维持劳动力所需要的数量;维持更多的劳动力的资料已经具备了"。① 这时,生活环境质量有了很大的提高,其生活情趣与关注视野

---

① 《马克思恩格斯文集》(第9卷),人民出版社2009年版,第187页。

发生了日新月异的变化。他们为了满足自身不断增长的物质文化需要，就会充分利用先进的生产工具对外在的自然界进行改造，使自在的自然界向人化的自然界转化，这样，人的需要和需要的对象会进一步发生变化。一方面，人的需要范围大大扩大，人们不仅追求最为基本的生存需要，而且开始追求高层次的精神需要；另一方面，需要的对象也越来越多，这些对象不再局限于原生态的自然资源，而是包括更为广阔的社会资源等。随着社会的进一步发展，一些曾经适合主体的需要的对象，现在变得不适合了，因而蕴含的主体的需要也就消失了。此时此刻，为了人自身的发展需要，人们又会追求新的需要，以促进自身需要的再次实现。而随着人的需要的不断实现，又会促进生产力的进一步发展，最终使社会从原始社会→奴隶社会→封建社会→资本主义社会→社会主义社会→共产主义社会发生转变。

（二）社会性

由于需要的实现是人的需要从潜在的状态向具体的状态的转化的结果，在这个转化的过程中，人的需要的实现表现出一定的社会性。需要实现的社会性主要体现在以下几个方面：

首先，需要实现的主体具有社会性。需要实现的主体不是抽象的人，而是存在于一定的社会关系之中的现实的个人，他们的不同需要承载着社会所要求的世界观、人生观和价值观。对于这些现实的人来说，他的存在和发展必然要受到一定社会因素的影响和制约，从而使其成为社会关系的总和。因此，需要实现的主体具有社会性。其次，需要实现的客体具有社会性。需要实现的客体与一般的客体不同，需要实现的客体具有两种含义，第一种含义和一般的客体相同，指外界的事物，是主体认识和实践的对象；第二种含义特指人的需要，此含义仅仅适用于需要实现的客体主体化的进程中。然而，需要实现的客体的两个方面都体现了一定的社会性。对于第一种含义来说，它作为主体评价和选择的对象，在社会中产生和发展，因而具有社会性；对于第二种含义来说，需要本身作为需要实现的客体，同样具有社会性，因为需要是在一定社会的经济因素、政治制度、文化因素的影响下不断产生和发展变化的，这使需要实现的客体具有社会性。最后，需要实现的方式和内容具有一定的社会性。作为现实的人，为了实现自身的不同需要，他会主动对客体进行选择，以创造自身所需要的产品。然而，在主体创造需要的过程中，总是会在特定的社会环境下进行创造，离开了特定的社会环境，主体的创造活动等于无。所以，主体的任何创造性的活动，都离不开社会环境的影响,从而使需要实现具有社会性。

由此可知,需要实现的主客体、需要实现的内容、方式都和一定的社会发展状况有密切联系,正是在这个意义上,需要实现具有社会性的特征。

(三) 开放性

所谓开放性,是指"人在主观精神活动和人与自身环境相互作用过程中所形成的人的本质无固定状态特征"。① 也就是说,由于社会生活丰富多彩,因而人的需要具有无限发展性,从而使需要实现具有开放性的特征。

生产力的不断发展是促进人的需要无限发展的基础,"已经得到满足的第一个需要本身、满足需要的活动和已经获得的为满足需要而用的工具又引起新的需要"。② 这一点可以从马克思的"三大社会形态论"得到证明。马克思认为:"人的依赖关系……是最初的社会形式,在这种形式下,人的生产能力只是在狭小的范围内和孤立的地点上发展着。以物的依赖性为基础的人的独立性,是第二大形式……建立在个人全面发展和他们共同的、社会的生产能力成为从属于他们的社会财富这一基础上的自由个性,是第三个阶段。"③ 也就是说,在最初的社会形式中,由于生产力十分落后,人与人的关系是一种"人的依赖关系",人的需要也只能建立在以自然联系为纽带的共同体之上,因而,人们往往直接从自然界获取生活资料来满足和实现自身的需要。随着生产力的发展,人类进入第二种社会形式。人们在商品生产、商品交换中打破了一切血缘和地域的限制,个人成为自主生产的独立个体。人与人之间形成了"普遍的社会物质变换、全面的关系、多方面的需求以及全面的能力体系"④,这时,人的需要和满足需要的手段发生了变化,需要主体的视野也日益开阔,人们可以通过先进的生产工具对客观世界的改造来满足自身的需要。在第三种社会形式下,人们"生产出他的全面性;不是力求停留在某种已经变成的东西上,而是处在变易的绝对运动之中"⑤。在这个阶段中,生产力高度发达,人的需要日益丰富和多样化,人们可以充分利用高科技的手段来满足自身的不同需要,以此来促进需要的实现。可见,随着生产

---

① 马国泉、张品兴、高聚成:《新时期新名词大辞典》,中国广播电视出版社 1992 年版,第 552 页。
② 《马克思恩格斯文集》(第 1 卷),人民出版社 2009 年版,第 531 页。
③ 《马克思恩格斯全集》(第 30 卷),人民出版社 1995 年版,第 107 页。
④ 同上。
⑤ 《马克思恩格斯全集》(第 30 卷),人民出版社 1995 年版,第 480 页。

力发展水平和人们实践能力的不断提高，人们会不断产生新的需要，而新的需要又会促使人们进行新的实践，在新的实践中又会产生新的更高层次的需要，这是一个不断发展、永无止境的历史过程。

总之，需要的实现是一个不断丰富和发展的漫长历史过程。当前，我们在推进中国特色社会主义伟大事业中，要坚定"四个自信"，以中华民族的伟大复兴作为己任，全面推进社会主义经济建设，政治建设，文化建设，社会建设，以及生态文明建设，不断夯实实现中国民族伟大复兴的中国梦的物质文化基础。每时每刻倾听人民的呼声、回应人民的期待，维护社会的公平正义，不断满足最广大人民群众的多样化需要，使发展成果更多更公平地惠及全体人民，在经济社会不断发展的基础上，朝着共同富裕的方向稳步前进。

结 语

需要理论是马克思主义哲学中的一个重要理论，是一个具有丰富内涵的思想体系。在文章的写作中，笔者发现，需要的产生、发展、实现是一个自然历史过程。换言之，人的需要都要经历从需要的产生到需要的评价，再到需要的实现等一系列发展过程，这生动地体现了人的需要的演进过程。对需要理论进行深入探研，不仅有助于我们更好地理解和学习马克思主义哲学，而且有利于实现人的需要，促进社会整体的不断发展。

随着社会日新月异地变化，人的需要会不断变化、发展和提升。因此，笔者认为，关于需要的未来发展趋势可以归结为以下几个方面：需要与社会生活方式相统一、需要与生态保护一体化的趋向、人们的需要呈现多样化的趋势。[1]

首先，需要与社会生活方式相统一。

对于人的需要来说，它不仅要受到主体自身需要状况的影响，而且要受到一定的社会整体发展因素的制约。在未来社会，人的需要具有与社会生活方式相统一的趋向。

在奴隶社会和封建社会的早期，自给自足的自然经济占据主导地位，社会生产力发展水平相对落后。受当时社会发展状况的影响，人们对需要的要求比较单一，人们也往往只关注那些最基本的物质生活需要，这代表了当时社会的特点。然而，在现当代社会，社会生产力达到了前所未有的高度，劳动生产率飞速提高。这时，社会上的劳动产品除了维持人们基本的物质生活需要以外，还为人们从事一些业余的社会精神文化活动提供了可能性。于是，人们在基本的物质需要得到不断满足的基础上，人们的兴趣也逐渐转向了更广阔的领域。简言之，人们在物质需要得到满足的前提下，开始关注自身精神生活上的需要。在社会生产方式发展的大背景下，人们逐渐产生了更加多样化的需要。这时，为了实现主体的多样化的需要，人们会对不同的需

---

[1] 董晓飞、李西泽：《近年来国内需要理论研究述评》，《华北电力大学学报（社会科学版）》，2012年第3期。

要进行科学的评价,然后,他们会根据自身的需求状况,充分利用先进的生产工具来选择那些合理的需要。在此基础上,他们会进一步地在有限的时间里尽可能地享受到各种各样的需要,以此来获得主体的幸福和快乐。

其次,需要与生态保护一体化的趋向。

在需要的产生和发展的过程中,人们会不断地对自身的需要进行创造和追求,从而彰显人的主体性地位。然而,由于人的需要和欲望是无限度的,他们在追求自身需要的过程中,在一定程度上会破坏自然环境,造成人与自然的冲突。鉴于此,为了促进人与自然的和谐,为了更大程度上满足人的不同需要,在生态观上,需要有与生态保护一体化的发展趋向。

由于需要是人的本性,因此,在现实生活中,不同主体都有追求和满足自身不同需要的倾向。然而,在实现自身的需要的过程中,由于缺少必要的约束和限制,人们会过度追求自身的需要,从而使主体的实践活动对自然环境造成破坏,而自然环境的不断恶化,必将导致人类的毁灭,人的需要的实现也成为幻想。为了保护自然环境和不断满足人的需要,应当使人的需要与生态保护协调一致。人的不同需要的满足应当建立在对每个人的需要的自然限制的准则基础上,即在"自然能力的宽泛限制范围内可以满足的需要"。[①] 具体来说,第一步,人们在认识自身需要的时候,应当首先考虑自然界的环境保护因素,其次对自身的需要进行合理的评价。第二步,在进行需要选择的时候,应当使人的实践活动以不破坏自然环境为基本原则,这样既创造出了适合人的各种合理需要,又实现了人与自然界的和谐发展。第三步,在实现人的需要的过程中,应当进行合理的消费,使消费的限度不超过自然界环境保护的要求,从而促进人的需要的不断满足和实现。

可见,在不断发展的未来社会,应当把需要的实现和环境保护的社会规范相联系,换言之,在满足人的合理需要的同时,我们应该加强对自然环境的保护,从而使需要的满足和生态的和谐有机统一。

最后,人们的需要呈现多样化的趋势。

根据马克思主义唯物史观,经济基础决定上层建筑,文化作为上层建筑的一部分,它会随着社会经济的不断发展而发生一定的变化。因此,根据社会发展的要求,在文化观上,人们的需要将呈现出更加多样化的趋向。

在封建社会,在经济方面,以小农经济为主体,这种落后的经济关系不

[①] [英]戴维·佩珀:《生态社会主义:从深生态学到社会正义》,刘颖译,山东大学出版社2005年版,第337页。

仅限制了人们认识的视野，而且也使皇帝具有了至高无上的权力。皇帝统治着人世间的一切事务，他不仅要求全国的臣民无限尊重和服从自己，而且不允许人们有过多的需求，从而把人的需要牢牢地限制在了单一的需求观的基础上。这样不仅扼杀了人们的主体能动性，而且使人们对需要的追求陷入被动和单一化的局面。

随着社会物质生产方式的发展，工业社会取代了传统的农业社会，商品经济成为社会经济的主导、商品交换成为最普遍的经营形式，这引起了社会生活各个方面的深刻变化。在日益完善的社会主义市场经济体制下，市场经济的自由、平等理念越发深入人心，使经济主体趋向多元化，而经济主体的多元化又会引起人们需求的多样化，从而使主体的合理需要得到社会的承认。在社会转型的当下，随着社会生产力的进一步发展，人的需要更加趋向于多样化。人们对自身需要的认识也具有开放性的特征，使人们有更多的机会来选择自身合理的需要。在此基础上，主体可以进一步创造多种多样的需要来满足主体的喜好，从而使人们的消费也具有多样化的价值取向，最终促进人的需要的不断实现，进而促进人的全面自由发展。

当然，由于受到自身知识结构和研究水平的限制，虽然笔者对本书的写作尽了最大的努力，但文中依然存有一些不足之处。因此，在今后的学习工作中，应当结合具体的实际情况，对需要理论进行更加深入的研究，以期对需要问题的研究日臻完善。

参考文献

一、文集类

[1] 马克思恩格斯文集（第1-9卷）[C]．北京：人民出版社，2009.
[2] 马克思恩格斯全集（第2卷）[C]．北京：人民出版社，2005.
[3] 马克思恩格斯全集（第3卷）[C]．北京：人民出版社，1960.
[4] 马克思恩格斯全集（第3卷）[C]．北京：人民出版社，2002.
[5] 马克思恩格斯全集（第11卷）[C]．北京：人民出版社，1995.
[6] 马克思恩格斯全集（第25卷）[C]．北京：人民出版社，1974.
[7] 马克思恩格斯全集（第25卷）[C]．北京：人民出版社，2001.
[8] 马克思恩格斯全集（第30卷）[C]．北京：人民出版社，1995.
[9] 马克思恩格斯全集（第42卷）[C]．北京：人民出版社，1979.
[10] 马克思恩格斯全集（第46卷上）[C]．北京：人民出版社，2003.
[11] 马克思恩格斯全集（第46卷上）[C]．北京：人民出版社，1979.
[12] 马克思恩格斯选集（1-4卷）[C]．北京：人民出版社，1995.
[13] 列宁选集（1-3卷）[C]．北京：人民出版社，1995.
[14] 毛泽东选集（1-3卷）[C]．北京：人民出版社，1991.
[15] 邓小平文选（1-3卷）[C]．北京：人民出版社 1994.
[16] 江泽民文选（1-3卷）[C]．北京：人民出版社 2006.
[17] 陈云文选（第3卷）[C]．北京：人民出版社，1995.
[18] 孙中山选集[C]．北京：人民出版社，1981.
[19] 孙中山全集（第9卷）[C]．北京：中华书局，1986.
[20] 胡适．胡适文集（第5卷）[C]．北京．北京大学出版社，1998.
[21] 李大钊全集（第2卷）[C]．北京：人民出版社，2006.
[22] 谭嗣同．谭嗣同全集[C]．北京：中华书局，1981.
[23] 严复．严复集（第4册）[C]．北京：中华书局，1986.
[24] 梁漱溟．梁漱溟全集（第4卷）[C]．济南：山东人民出版

社，1991.

[25] 康有为. 实理公法全书：康有为全集（1）[C]. 上海：上海古籍出版社，1987.

[26] 康有为. 请励工艺奖创新折：康有为政论集（上册）[C]. 北京：中华书局，1981.

二、中文原著

[1] 李连科. 价值哲学引论 [M]. 北京：商务印书馆，1999.

[2] 李连科. 哲学价值论 [M]. 北京：中国人民大学出版社，1991.

[3] 李德顺. 价值论——一种主体性的研究 [M]. 北京：中国人民大学出版社，1987.

[4] 李德顺. 新价值论 [M]. 昆明：云南人民大学出版社，2004.

[5] 李德顺. 价值论 [M]. 北京：中国人民大学出版社，2007.

[6] 孙伟平. 价值论转向——现代哲学的困境与出路 [M]. 合肥：安徽人民出版社，2008.

[7] 袁贵仁. 价值学引论 [M]. 北京：北京师范大学出版社，1991.

[8] 袁贵仁. 价值观的理论与实践——价值观若干问题的思考 [M]. 北京：北京师范大学出版社，2006.

[9] 袁贵仁. 马克思的人学思想 [M]. 北京：北京师范大学出版社，1996.

[10] 阮青. 价值哲学 [M] 北京：中共中央党校出版社，2004.

[11] 韩震. 生成的存在——关于人和社会的哲学思考 [M]. 北京：北京师范大学出版社，1996.

[12] 王玉樑. 21世纪价值哲学：从自发到自觉 [M]. 北京：人民出版社，2006.

[13] 王玉樑. 当代中国价值哲学 [M]. 北京：人民出版社，2004.

[14] 马俊峰. 评价活动论 [M]. 北京：中国人民大学出版社，1994.

[15] 陈新汉. 评价论引论——认识论的一个新领域 [M]. 上海：上海社会科学院出版社，1995.

[16] 李从军. 价值体系的历史选择 [M]. 北京：人民出版社，2004.

[17] 冯平. 评价论 [M]. 北京：东方出版社，1995.

[18] 司马云杰. 文化价值论 [M]. 济南：山东人民出版社，1990.

[19] 司马云杰. 价值实现论：关于人的文化主体性及其实现的研究 [M]. 西安：陕西人民出版社，2003.

[20] 王雨辰. 中国语境中的西方马克思主义哲学研究 [M]. 武汉：湖北人民出版社，2010.

[21] 江畅. 走向优雅生存——21世纪中国社会价值选择研究 [M]. 北京：中国社会科学出版社，2004.

[22] 骆郁廷. 精神动力论 [M]. 武汉：武汉大学出版社，2003.

[23] 江畅、戴茂堂. 西方价值观念与当代中国 [M]. 武汉：湖北人民出版社，2003.

[24] 邬焜、李建群. 价值哲学问题研究 [M]. 北京：中国社会科学出版社，2002.

[25] 刘永富. 价值哲学的新视野 [M]. 北京：中国社会科学出版社，2002.

[26] 张树琛. 探索价值产生奥秘的理论——价值发生论 [M]. 广州：广东人民出版社，2006.

[27] 王宏维. 社会价值：统摄与驱动 [M]. 广州：广东人民出版社，1995.

[28] 黄凯锋. 当代中国价值观研究新取向 [M]. 上海：学林出版社，1995.

[29] 郭宝宏. 论人的需要 [M]. 北京：经济科学出版社，2008.

[30] 毛崇杰. 颠覆与重建：后批评中的价值体系 [M]. 北京：社会科学文献出版社，2002.

[31] 王宁主编、[美] 戴慧思、[法] 尼古拉·埃尔潘著. 消费社会学的探索——中、法、美学者的实证研究 [M]. 北京：北京师范大学出版社，1991.

[32] 万俊人. 现代性的伦理话语 [M]. 哈尔滨：黑龙江人民出版社，2002.

[33] 王海明. 伦理学原理 [M]. 北京：北京大学出版社，2001.

[34] 王敬华. 道德选择研究 [M]. 北京：中国社会科学出版社，2008.

[35] 王伟光. 利益论 [M]. 北京：人民出版社，2001.

[36] 王德胜. 中国中学教学百科全书·政治卷 [M]. 沈阳：沈阳出版社，1990.

[37] 张檀琴，李敏. 需要、欲望和自我：唯物论和辩证观的需要理论

[M]．北京：经济科学出版社，2012．

[38] 夏冬．需要理论视角下的西方经济学：基于"N-S观"的简明解读［M］．北京：经济管理出版社，2006．

[39] 黄鸣奋．需要理论与文艺创作［M］．乌鲁木齐：新疆人民出版社，1995．

[40] 肖立斌．中西传统道德信仰比较［M］．贵阳：贵州大学出版社，2009．

[41] 章韶华．需要—创造论——马克思主义人类观纲要［M］．北京：中国广播电视出版社出版发行，1992．

[42] 刘海藩，侯树栋，唐铁汉等总主编；王杰，余守斌，廖明主编．领导全书（第4册）用人与激励卷．［M］北京：九州出版社，2001．

[43] 石云霞．当代中国价值观论纲［M］．武汉：武汉大学出版社，1996．

[44] 王云五主编，王梦鸥注译．礼记今注今译［M］．北京：新世界出版社，2011．

[45] 杨伯峻．论语译注［M］．北京：中华书局，2005．

[46] 杨伯峻．孟子译注［M］．北京：中华书局，2007．

[47] 朱贻庭．中国传统伦理思想史［M］．上海：华东师范大学出版社，2003．

[48] 张岱年．中国伦理思想研究［M］．南京：江苏教育出版社，2005．

[49] （汉）董仲舒著．春秋繁露［M］．周桂钿译注，北京：中华书局，2011．

[50] 白维国主编．现代汉语句典（下卷）［M］．北京：中国大百科全书出版社，2001．

[51] ［宋］黎靖德编，朱子语类（第一册）［M］．王星贤校，北京：中华书局，2004．

[52] 戴震．戴震全书（卷六）［M］．合肥：黄山书社，1995．

[53] 戴震．戴震集·孟子字义疏证［M］．上海：上海古籍出版社，1980．

[54] 徐顺教、季甄馥．中国近代伦理思想研究［M］．上海：华东师范大学出版社，1993．

[55] 康有为．康有为大同书手稿［M］．南京：江苏古籍出版社，1985．

[56] 周振甫．周易译注［M］．北京：中华书局，1991．

[57] 李淮春．马克思主义哲学全书［M］．北京：中国人民大学出版社，1996.

[58] 林崇德，姜璐，王德胜主编；李春生分卷主编．中国成人教育百科全书·心理·教育．［M］．海口：南海出版公司，1994.

[59] 中国大百科全书总编辑委员会．中国大百科全书——哲学卷［M］．北京：中国大百科全书出版社，1987.

[60] 张永谦．哲学知识全书［M］．兰州：甘肃人民出版社，1989.

[61] 李路．中国女性百科全书·社会生活卷［M］．沈阳：东北大学出版社，1995.

[62] 王海明．新伦理学［M］．北京：商务印书馆，2002.

[63] 廖盖隆，孙连成，陈有进等．马克思主义百科要览（上卷）［M］．北京：人民日报出版社，1993.

[64] 陈会昌．中国学前教育百科全书·心理发展卷［M］．沈阳：沈阳出版社，1995.

[65]《黄河文化百科全书》编纂委员会编，李民主编．黄河文化百科全书［M］．成都：四川辞书出版社，2000.

[66] 李良荣著．新闻学导论［M］．北京：高等教育出版社，2006.

[67] 康有为．大同书［M］．北京：古籍出版社，1956.

[68] 李泽厚．中国现代思想史论［M］．北京：三联书店，2008.

[69] 胡适．自由主义［A］．徐洪兴．二十世纪哲学经典文本·中国哲学卷［C］．上海：复旦大学出版社，1999.

[70] 胡适．胡适日记全编（第1卷）［Z］．合肥．安徽教育出版社，2001.

[71] 北京大学哲学系外国哲学史教研室．古希腊罗马哲学［M］．北京：三联书店，1957.

[72] 北京大学哲学系．十八世纪法国哲学［M］．北京：商务印书馆，1979.

[73] 李凤鸣，姚介厚．十八世纪法国启蒙运动［M］．北京：北京出版社，1982.

[74] 何中华．重读马克思——一种哲学观的当代诠释［M］．济南：山东人民出版社，2009.

[75] 李晓青．激进需要与理性乌托邦：赫勒激进需要革命论研究［M］．哈尔滨：黑龙江大学出版社，2011年版.

三、中文译著

[1] 摩尔．伦理学原理［M］．长河译,北京：商务印书馆,1983.

[2] 弗兰克纳．伦理学［M］．关键译,北京：三联书店,1987.

[3] 舍勒．伦理学中的形式主义与质料的价值伦理学［M］．倪梁康译．北京：三联书店,2004.

[4] 舍勒．价值的颠覆［M］．罗悌伦等译．北京：三联书店,1997.

[5] 麦金太尔．德性之后［M］．龚群等译．北京：中国社会科学出版社,1995.

[6] 牧口常三郎．价值哲学［M］．马俊峰、江畅译．北京：中国人民大学出版社,1989.

[7] 约翰·罗尔斯．正义论［M］．何怀宏等译,北京：中国社会科学出版社,1988.

[8] 亨利·西季威克．伦理学史纲［M］．熊敏译,南京：江苏人民出版社,2008.

[9] ［英］W.D.拉蒙特．价值判断［M］．马俊峰、王建国、王晓升译,北京：中国人民大学出版社,1992.

[10] ［美］希拉里·普特南．事实与价值二分法的崩溃［M］．应奇译,北京：东方出版社,2006.

[11] ［奥］弗洛伊德．精神分析引论［M］．张堂会译,北京：北京出版社,2007.

[12] ［奥］弗洛伊德．梦的解析［M］．周艳红,胡惠君译,上海：上海三联书店,2008.

[13] ［美］亚伯拉罕·马斯洛．动机与人格（第三版）［M］．许金声等译,北京：中国人民大学出版社,2007.

[14] ［美］亚伯拉罕·马斯诺．人的潜能和价值［M］．杨功焕译,北京：华夏出版社,1987.

[15] ［英］约翰·穆勒（Mill, J.S.）．功利主义［M］．徐大建译,上海：上海人民出版社,2008.

[16] ［美］约翰·康芒斯（Commons, J.R.）．制度经济学（上、下）［M］．赵睿译,北京：华夏出版社,2009.

[17] ［美］赫伯特·马尔库塞．单向度的人——发达工业社会意识形态

研究［M］．刘继译，上海：上海译文出版社，2008．

［18］［美］赫伯特·马尔库塞．爱欲与文明［M］．黄勇、薛民译，上海：上海译文出版社，1990．

［19］［美］赫伯特·马尔库塞．单向度的人——发达工业社会意识形态研究［M］．张峰、吕世平译，重庆：重庆出版社，1990．

［20］［美］赫伯特·马尔库塞．现代文明与人的困境——马尔库塞文集［M］．李小兵等译，上海：三联书店，1995．

［21］［美］埃里希·弗洛姆．逃避自由［M］．刘林海译，北京：国际文化出版公司，2000．

［22］［美］埃里希·弗洛姆．健全的社会［M］．孙恺祥译，贵阳：贵州人民出版社，1994．

［23］［美］埃里希·弗洛姆．健全的社会［M］．欧阳谦译，北京：中国文联出版公司，1988．

［24］弗洛姆著作精选——人性·社会·拯救［M］．黄颂杰主编，上海：上海人民出版社，1989．

［25］［英］莱恩·多亚夫、［英］伊恩·高夫．人的需要理论［M］．汪淳波、张宝莹译，北京：商务印书馆，2008．

［26］［英］戴维·佩珀．生态社会主义：从深生态学到社会正义［M］．刘颖译，济南：山东大学出版社，2005．

［27］［英］马歇尔．经济学原理［M］．廉运杰译，北京：华夏出版社，2004．

［28］［东德］凯特林·勒德雷尔．人的需要［M］．邵晓光、孙文喜、王国伟、王晓红译，沈阳：辽宁大学出版社，1988．

［29］［匈］赫勒．激进哲学［M］．赵司空、孙建茵译，哈尔滨：黑龙江大学出版社，2011．

［30］［英］凯恩斯．就业、利息和货币通论［M］．高鸿业译，北京：商务印书馆，1999．

［31］［法］弗雷德·巴师夏．和谐经济论［M］．许明龙等译，北京：中国社会科学出版社，1995．

［32］格奥尔格·卢卡奇．关于社会存在的本体论（下卷）［M］．白锡堃、张西平、李秋零等译，重庆：重庆出版社，1993．

［33］［苏］图加林诺夫．马克思主义中的价值论［M］．齐友、王雯、安启念译，北京：中国人民大学出版社，1989．

[34] [英] 戴维·麦克莱伦（David Mclellan）. 马克思思想导论 [M]. 郑一明、陈喜贵译, 北京：中国人民大学出版社, 2008.

[35] [日] 柄谷行人. 马克思, 其可能性的中心 [M]. [日] 中田友美译, 北京：中央编译出版社, 2006.

[36] [美] 乔恩·埃尔斯特. 理解马克思 [M]. 何怀远等译、曲跃厚（校）, 北京：中国人民大学出版社, 2008.

[37] 康德. 道德形而上学原理 [M]. 苗力田译, 上海：上海人民出版社, 1986.

[38] [德] 恩斯特·卡西尔. 人论 [M]. 甘阳译, 上海：上海译文出版社, 2004.

[39] 马克斯·韦伯. 经济与社会（上卷）[M]. 林荣远译, 北京：商务印书馆, 1997.

[40] [法] 亨利·柏格森著. 创造进化论 [M]. 王珍丽, 余习广译. 长沙：湖南人民出版社, 1989.

[41] [古希腊] 亚里士多德. 政治学 [M]. 吴寿彭译, 北京：商务印书馆, 1965.

[42] [英] 约翰·密尔. 功用主义 [M]. 唐钺译, 北京：商务印书馆, 1957.

[43] 卢梭. 论人类不平等的起源与发展 [M]. 北京：商务印书馆, 1962.

[44] [古希腊] 柏拉图. 理想国 [M]. 郭斌和, 张竹明译. 北京：商务印书馆, 2002.

[45] [古希腊] 伊壁鸠鲁, [古罗马] 卢克来修. 自然与快乐——伊壁鸠鲁的哲学 [M]. 包利民等译, 北京：中国社会科学出版社, 2004.

[46] 霍布斯. 利维坦 [M]. 黎思复, 黎廷弼译, 北京：商务印书馆, 1985.

[47] 黑格尔. 法哲学原理 [M]. 张世英译, 北京：商务印书馆, 1961.

[48] 鲍德里亚. 消费社会 [M]. 刘成富、全志钢译, 南京：南京大学出版社, 2001.

[49] [英] 拉尔夫·达仁道夫. 现代社会冲突 [M]. 林荣远, 译. 北京：中国社会科学出版社, 2000.

[50] [美] 丹尼尔·W. 布罗姆利. 经济利益与经济制度——公共政策的理论基础 [M]. 陈郁等译. 上海：三联书店, 上海人民出版社, 1996.

[51] 约翰·贝拉米·福斯特. 生态危机与资本主义 [M] 耿建新, 宋兴无译, 上海: 上海译文出版社, 2006.

[52] [加] 阿格尔. 西方马克思主义概论 [M]. 慎之等译, 北京: 中国人民大学出版社, 1991.

[53] [美] 乔纳森·H. 特纳. 社会学理论的结构（上、下）[M]. 邱泽奇等译. 北京: 华夏出版社, 2001.

[54] 科塞. 社会学思想名家 [M]. 石人译, 北京: 中国社会科学出版社, 1990.

四、期刊文章

[1] 赵科天. 论需要层次的形成机制 [J]. 甘肃理论学刊, 1994, (2).

[2] 孙伟平. 价值定义略论 [J]. 湖南师范大学社会科学学, 1997, (4).

[3] 王成兵, 孙秉文. 人, 多层次需要的凝结体——评现代西方学者关于人的需要的学说 [J]. 西北师大学报（社会科学版）, 2001, (2).

[4] 陈志尚, 张维祥. 关于人的需要的几个问题 [J]. 人文杂志, 1998, (1).

[5] 叶良茂. 略论需要的客观性 [J]. 哲学动态, 2002, (5).

[6] 阮青, 牟笛. 当代中国社会需求观问题研究 [J]. 贵州社会科学, 2010, (6).

[7] 姚顺良. 论马克思关于人的需要的理论——兼论马克思同弗洛伊德和马斯洛的关系 [J]. 东南学术, 2008, (2).

[8] 连琦, 杨森. 人类需要的哲学透视 [J]. 科学·经济·社会, 1994, (2).

[9] 王孝哲. 论人的需要及其社会作用 [J]. 江汉论坛, 2008, (5).

[10] 赵长太. 马克思需要范畴的三重意蕴 [J]. 学术论坛, 2007, (11).

[11] 李文阁. 需要即人的本性—对马克思需要理论的解读 [J]. 社会科学, 1998, (5).

[12] 张维祥. 需要、劳动和人的本质 [J]. 北京大学学报（哲学社会科学版）1993, (1).

[13] 苑一博. 人的需要是社会历史发展的动因 [J]. 内蒙古大学学报（人文社会科学版）, 2002, (5).

[14] 张志伟. 需要的意蕴与表征 [J]. 江汉论坛, 2004, (8).

[15] 王伟光. 论人的需要和需要范畴 [J]. 北京社会科学, 1999, (2).

[16] 王伟光. 论利益范畴 [J]. 北京社会科学, 1997, (1).

[17] 钟克钊. 主体需要与价值评价 [J]. 江海学刊, 1994, (5).

[18] 陈翠芳. 主体需要的合理性是价值判断合理性的标准 [J]. 湖北大学学报（哲学社会科学版）, 2005, (3).

[19] 黄树光. 需要的双重性缺乏与价值产生 [J]. 内蒙古社会科学（汉文版）, 2002, (3).

[20] 阮青, 牟笛. 加强对需求异化问题的研究刻不容缓 [J]. 理论学刊, 2010, (6).

[21] 李文阁, 赵勇. 需要的平面化及其消除——马克思关于需要异化的理论 [J]. 求是学刊, 1998, (2).

[22] 孟祥儒. 从"人的需要"看"以人为本"的落实与未来展望 [J]. 内蒙古农业大学学报（社会科学版）2010, (2).

[23] 赵科天. 需要与社会发展动力系统及其运行机制 [J]. 甘肃理论学刊, 1996, (3).

[24] 罗中昌. 浅议"需要"在社会发展中的地位和作用 [J]. 贵州教育学院学报（社会科学版）, 1997, (2).

[25] 和学新. 主体性的内涵、结构及其存在形态与主体性教育 [J]. 西南师范大学学报（人文社会科学版）, 2005, (1).

[26] 陈新汉. 为我关系说和马克思主义哲学 [J]. 华东师范大学学报（哲学社会科学版）, 1994, (4).

[27] 何艳. 论人的需要的特性 [J]. 文山师范高等专科学校学报, 2003, (3).

[28] 董晓飞. 需要理论的科学内涵及其意义 [J]. 哈尔滨市委党校学报, 2012, (3).

[29] 董晓飞, 李西泽. 近年来国内需要理论研究述评 [J]. 华北电力大学学报（社会科学版）, 2012, (3).

[30] 董晓飞. 自然对需要的作用分析 [J]. 中共贵州省委党校学报, 2012, (4).

[31] 董晓飞. 马克思主义人学理论探微 [J]. 中共四川省委党校学报, 2012, (3).

[32] 董晓飞. 弗洛姆社会伦理思想探究 [J]. 和田师专学报, 2011, (1).

［33］董晓飞．马尔库塞社会伦理思想探究［J］．社科纵横，2011，(1)．

［34］朱小蔓．情感是人类精神生命中的主体力量［J］．南京林业大学学报（人文社会科学版），2011，(1)．

［35］刘毅，朱志方．自由意志与道德判断的实验研究［J］．学术研究，2012，(3)．

［36］叶良茂．略论需要的客观性价值论问题［J］．哲学动态，2011，(5)．

［37］崔新建．从开拓走向深化——人学研究的回顾与展望［J］．河北学刊，1998．

［38］韩震．人学研究的历史学转向［J］．江海学刊，1997，(2)．

［39］袁贵仁．人学的基础和核心［J］．江海学刊，1996，(1)．

［40］邹吉忠．制度建设与人的发展——中国制度建设的人学观察［J］．郑州大学学报（哲学社会科学版），2002，(1)．

［41］余源培．评鲍德里亚的"消费社会理论"［J］．复旦学报（社会科学版），2008，(1)．

［42］马捷莎．对人的需要属性的思考［J］．教学与研究，2006，(2)．

［43］张志伟．需要的意蕴与表征［J］．江汉论坛，2004，(8)．

五、词典类

［1］秦玉琴．新世纪领导干部百科全书·第2卷［M］．北京：中国言实出版社，1999．

［2］罗肇鸿，王怀宁．资本主义大辞典［M］．北京：人民出版社，1995．

［3］时蓉华．社会心理学词典［M］．成都：四川人民出版社，1988．

［4］袁世全．公共关系百科辞典［M］．北京：知识出版社，1992．

［5］吉林工业大学管理学院编；郑大本，赵英才主编．现代管理辞典［M］．沈阳：辽宁人民出版社，1987．

［6］林传鼎，陈舒永，张厚粲．心理学词典［M］．南昌：江西科学技术出版社，1986．

［7］宋书文．管理心理学词典［M］．兰州：甘肃人民出版社，1989．

［8］李修生，朱安群．四书五经辞典［M］．北京：中国文联出版公司，1998．

[9] 邓治凡. 汉语同韵大词典. [M]. 武汉：崇文书局，2010.

[10] 向洪. 四项基本原则大辞典 [M]. 成都：电子科技大学出版社，1992.

[11] 陈国强. 简明文化人类学词典 [M]. 杭州：浙江人民出版社，1990.

[12] 李鑫生，蒋宝德. 人类学辞典 [M]. 北京：北京华艺出版社，1990.

[13] 高清海. 文史哲百科辞典 [M]. 吉林：吉林大学出版社，1988.

[14] 刘蔚华，陈远. 方法大辞典 [M]. 济南：山东人民出版社，1991.

[15] 金炳华. 马克思主义哲学大辞典 [M]. 上海：上海辞书出版社，2003.

[16] 向洪，邓明. 人口管理实用辞典 [M]. 成都：成都科技大学出版社，1990.

[17] 杨庆蕙. 现代汉语离合词用法词典 [M]. 北京：北京师范大学出版社，1995.

[18] 何盛明. 财经大辞典·上卷 [M]. 北京：中国财政经济出版社，1990.

[19] 中国社会科学院语言研究所词典编辑室. 现代汉语词典（修订本）[S]. 北京：商务印书馆，1996.

[20] 孙鼎国. 西方文化百科 [M]. 长春：吉林人民出版社，1991.

[21] 谷衍奎. 汉字源流字典 [M]. 北京：华夏出版社，2003.

[22] 张永言，杜仲陵，向熹等. 简明古汉语字典 [M]. 成都：四川人民出版社，2001.

[23] 齐冲天，齐小乎. 汉语音义系统字典（上册）[M]. 北京：中华书局，2010.

[24] 吴景荣，沈寿源，黄钟青等. 新汉英词典 [M]. 北京：中国对外翻译出版公司，2006.

[25] 张延仪. 新世纪大学英语惯用法词典 [M]. 天津：天津科学技术出版社，2005.

[26] 金炳华. 马克思主义哲学大辞典 [M]. 上海：上海辞书出版社，2003.

[27] 汝信，陈筠泉. 20世纪中国学术大典·哲学 [M]. 福州：福建教育出版社，2002.

六、英文文献

[1] R. H. Hare: The Language of Moral, oxford clarendon press, 1952.

[2] Arnolds. C. A. Boshoff. Christ. Compensation, esteem valence And ob erformance: an empirical assessment of Alderfer´s ERG theory. Internat-ional Journal of Human Resource Management. 2002, (4).

[3] R. H. Hare: The Language of Moral, oxfordclar-endon press, 1952.

[4] Agnes Heller, The Theory of Need in Marx, New York: ST. Martin's Press, 1976.

[5] Agnes Heller and Ferenc Feher, The Grandeur and Twilight of Radical Universalism, New Brunswick Transaction Publishers, 1991.

[6] Agnes Heller, Radical Philosophy, Oxford and New York: BasilBlackwell, 1984.

[7] Fromm Erich (ed.). Socialist Humanism: AnInternational Symposium. NewYork: Doubleda, 1965. Schaff, Adam. Marxismand the Human Individual. New York: McGraw-HillBook Company, 1970.

[8] KosikKarel. Dialectics of the Concrete. Dord – recht and Boston: D. Reidel Publishing Company, 1976.

[9] Wlilliam Leiss. The Limits to Satisfaction. Mcgill – Queens University Press, 1988.

[10] Room. The Sociology of Welfare: Social Policy, Stratification and PoliticalOrder. Basil. Blackwell. 1998: 57.

后　记

　　五月维夏，山有嘉卉。在这个美好的季节里，整个北京城艳阳高照、花满枝头、蝴蝶翩跹、万紫千红。然而，即将离别，我心中涌现的却不是欢欣鼓舞之情，却是一股难以言喻的感情。

　　三年寒窗，让我最难忘的是我遇到了恩师阮青教授。我的博士论文（即本书）从选题、构架、写作、修改到成文，自始至终得到阮老师的悉心指导，每次细致入微地修正，都凝聚了她的大量精力和心血。恩师身上体现出的学养的深厚、知识的渊博、态度的严谨、品德的高尚，成为我不断进步的动力和标杆。这种内在的感恩之情难以用语言来表达，谨以最朴实的话语来表达最崇高的敬意。

　　感谢答辩主席孙伟平研究员，答辩委员韩立新教授、侯才教授、毛卫平教授、胡为雄教授。感谢三年来帮助和教育过我的徐伟新教授、贾高建教授、庞元正教授、韩庆祥教授、董德刚教授、边立新教授、杨信礼教授、赵理文教授、郝永平教授……这些老师对培养我的创新思维和科研能力给予了有益的启迪和极大的帮助。感谢我的硕士生导师肖立斌教授，他在我的论文写作过程中给予了悉心的指导和帮助。

　　感谢我的同门师兄弟在学习、生活等方面提供的无私帮助，还有我们10博的所有同学，特别是我们一支部的兄弟姐妹，结下的深厚友谊更让人难以忘记。

　　最后，要感谢我的父母，父母给予我生命，并含辛茹苦把我抚养成人，养育之恩没齿难忘。还有很多人，虽然他们只是我生命中的匆匆过客，但他们对我的帮助和支持，我久久不能忘记。

董晓飞

以史为镜 在理论发展长河中寻宝拾珍

配套电子书 在线阅读划重点,便捷检索关键词

- **名校公开课:** 学理论课程 梳理脉络框架
- **走近马克思:** 听伟人传记 感受智者魅力
- **信仰的力量:** 读哲学经典 致敬伟大思想

扫码解锁电子书